U0343677

河北省哲学社会科学基金项目成果：移动用户生成内容的可用性研究（HB14TQ027）

移动用户生成内容（UGC）的可用性评价研究

陈则谦　张同同　著

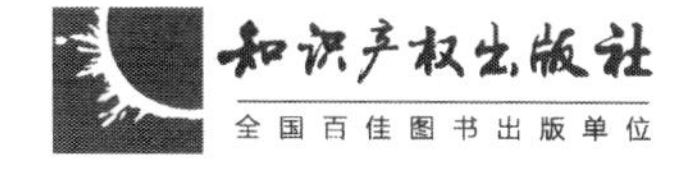

图书在版编目（CIP）数据

移动用户生成内容（UGC）的可用性评价研究 / 陈则谦，张同同著．—北京：知识产权出版社，2019.6

ISBN 978-7-5130-6307-4

Ⅰ．①移…　Ⅱ．①陈…　②张…　Ⅲ．①移动网—可用性—评价—研究
Ⅳ．① TN929.5

中国版本图书馆 CIP 数据核字（2019）第 115479 号

内容提要

移动用户生成内容（UGC）是人类社会进入移动互联时代的重要特征，数量庞大的移动互联网用户创造了丰富的信息内容。本书引入可使用性的理念，以移动用户生成内容的文本类信息内容为主要研究对象，设计并构建评价指标体系，并进行有效性的验证，为信息内容的网络监管提供可参考的工具，解决实践中监管人员无据可依的问题，并对市场上现有的移动用户生成内容平台进行评价，为网络用户获取高可用性的信息内容提供相应指导。

责任编辑：于晓菲　李　娟　　　　**责任印制**：孙婷婷

移动用户生成内容（UGC）的可用性评价研究

YIDONG YONGHU SHENGCHENG NEIRONG（UGC）DE KEYONGXING PINGJIA YANJIU

陈则谦　张同同　著

出版发行：知识产权出版社有限责任公司　**网　址**：http：//www. ipph. cn
http：//www. laichushu. com
电　话：010-82004826
社　址：北京市海淀区气象路 50 号院　**邮　编**：100081
责编电话：010-82000860 转 8363　**责编邮箱**：laichushu@cnipr. com
发行电话：010-82000860 转 8101　**发行传真**：010-82000893
印　刷：北京中献拓方科技发展有限公司　**经　销**：各大网上书店、新华书店及相关专业书店
开　本：787mm × 1000mm　1/16　**印　张**：11.75
版　次：2019 年 6 月第 1 版　**印　次**：2019 年 6 月第 1 次印刷
字　数：150 千字　**定　价**：68.00 元

ISBN 978-7-5130-6307-4

目 录

第1章　绪　论

1.1　研究背景与目的

Web2.0是2003年以后互联网发展的新阶段，以去中心化为基本特征，真正体现了互联网自由、开放、共享的核心理念。伴随着Web2.0而兴起，用户生成内容（User-Generated Content，UGC或User-Created Content，UCC），即由普通用户创作并通过互联网平台分享的信息内容逐渐成为网络信息资源的重要组成部分，进而成为社交网络和商业模式的核心或基础资源，对日常生活、社会发展和互联网经济都产生了重要影响。

常见的脸书、Flicr、YouTube、维基百科、新浪微博、知乎、大众点评、网易云音乐等新型媒体，都是支持用户生成内容的平台，用户可以通过这些媒体上传作品、表达意见、交流看法，解决问题，并因此产生了文字、图片、视频、音频等不同类型的信息内容。而在这些内容中，文字（本）类的内容出现的时间较早，且用户与其接触最为频繁。

随着移动互联网技术的不断成熟，以及以智能手机为代表的移动终端设备性能的极大提升，一个随时随地使用数字设备接入并使用互联网的大环境已然成形，互联网与社会融合的更为紧密，网络用户规模持续扩张。与此同时，丰富多样的网络媒体和商务应用也使得网络用户的参与意愿更加明显、参与机会更为广泛，参与活动也更加频繁，并因此贡献了体量庞大、丰富多样的信息内容。由此伴生的问题是，网络接入的便利性和移动应用及数字设备的易操作性，最大限度地降低了用户生成内容的门槛，任何一名移动互联网用户，不论年龄、职业、经验、见识、立场、目的为何均可创作内容、表达观点，这样的生成环境使得信息内容的质量无法得到有效保障，进而影响其他用户对内容的正常使用，混淆视听，误导用户的判断和行动。

本研究面向当前移动互联网环境下的用户生成内容，选择与用户接触最频繁且呈现形式较为固定的文本类移动 UGC 为研究对象，基于文献内容分析和可使用性测试结果，设计移动 UGC 可使用性评价指标体系，并结合对具体平台的评价，验证指标体系的有效性。研究成果可供用户生成内容平台的管理者使用，一方面可对相关信息内容质量进行评价，筛选出具有高可使用性的内容，方便用户获取；另一方面可发现高质量的内容生产者，实施有针对性的激励措施，留住优质用户。另外，也可帮助平台的提供方发现其服务方面存在的问题，完善平台功能，改进服务质量。

1.2 研究现状

1.2.1 国内研究现状

中国知网（CNKI）是目前全球最大的中文学术期刊数据库平台。本研究选取中国知网作为来源数据库，以“用户生成内容”“用户贡献内容”“用户创造内容”“用户生成内容”等关键词进行检索，检索截止时间为2016年5月。并对结果进行筛选整理，共获得238篇期刊论文、63篇硕博士学位论文、8篇会议报告、29篇报纸报道，结果如图1.1和表1.1所示。

从图1.1可以看出用户生成内容的相关研究及成果在2007年左右开始出现，从2007年到2011年国内学者对UGC的相关研究缓步上升，与此同时，一些媒体和会议也开始关注UGC这一新出现的事物。2011年以后国内学者对UGC的研究呈现爆发性增长，作为新出现的热点问题，在2012年硕博士学位论文的选题上也出现了对UGC的研究。

表1.1 国内用户生成内容文献数量（单位：篇）

来源	CNKI期刊论文	CNKI硕博士学位论文	CNKI会议报告	CNKI报纸报道
总计	238	63	8	29

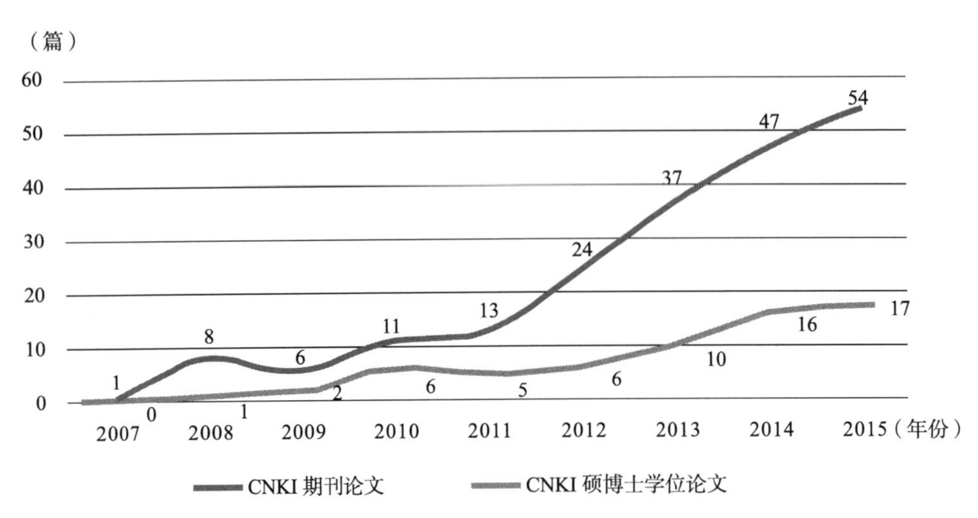

图 1.1　CNKI 期刊论文与硕博士学位论文发文数量年份分布图

除了期刊论文和硕博士论文外，国家自然科学基金项目与社会科学基金项目代表了国内研究的最高水准和专业动向。自然科学基金和社会科学基金在推动我国自然科学与社会科学基础研究的发展，促进基础学科建设，发现、培养优秀科技人才等方面发挥了重要作用。因此，本研究通过查询国家社会科学基金和自然科学基金数据库来了解 UGC 研究的立项情况，详细结果见表 1.2 和表 1.3。2010—2012 年，社会科学领域已经从互联网社群效应、舆情分析的角度入手对用户生成内容这个概念进行探究，到 2013 年，对用户生成内容的信息行为、组织形式、知识元挖掘更多方面进行探索研究。2014 年以后开始注重对 UGC 的质量研究以及评价机制、监管机制研究。

表 1.2　用户生成内容国家社会科学基金情况

项目名称	项目类型	学科分类	立项时间	负责人	单位
互联网用户群体协作行为模式的理论与应用研究	重点项目	图书馆、情报与文献学	2010 年	朱庆华	南京大学
危机事件网络舆情平抑的修辞策略研究	青年项目	新闻学与传播学	2010 年	方雪琴	河南财经学院
社会网络中的舆情演变机制研究	一般项目	新闻学与传播学	2011 年	金兼斌	清华大学
网络学术社区的信息聚合与共享模式研究	青年项目	图书馆、情报与文献学	2011 年	张　敏	西南大学
移动用户生成内容环境下旅游者信息行为分析与我国旅游营销模式创新研究	青年项目	管理学	2012 年	彭润华	广西师范大学
泛在网络中的信息过载与信息组织模式研究	青年项目	图书馆、情报与文献学	2012 年	王　娜	郑州大学
网络“微信息”知识化的形成机理与组织模式研究	青年项目	图书馆、情报与文献学	2012 年	杜智涛	中国青年政治学院
基于 Web 挖掘的网络水军伪舆情识别及防范研究	青年项目	图书馆、情报与文献学	2012 年	钟敏娟	江西财经大学
UGC 媒体语境下的信息变异与治理研究	青年项目	新闻学与传播学	2014 年	熊　茵	江西师范大学
基于社交问答平台的用户知识贡献行为与服务优化研究	一般项目	图书馆、情报与文献学	2014 年	邓胜利	武汉大学
社交媒体突发公共事件的协同应急机制研究	青年项目	新闻学与传播学	2014 年	景　东	哈尔滨工业大学
移动互联网条件下新闻传播发展新趋势研究	一般项目	新闻学与传播学	2014 年	梁智勇	新华社
基于用户行为挖掘的 UGC 质量实时预判与控制机制研究	一般项目	图书馆、情报与文献学	2015 年	金　燕	郑州大学
我国新媒体视频监管体制创新研究	一般项目	新闻学与传播学	2015 年	邓年生	南昌大学

表 1.3　用户生成内容国家自然科学基金情况

项目名称	项目类型	学科分类	立项时间	负责人	单位
调节聚焦范式下的用户生成内容（UGC）对多渠道零售商品权益的影响机理研究	面上项目	工商管理	2012 年	汪旭辉	东北财经大学
UGC 情景下顾客参与自主服务补救研究：维度构建、影响因素和机制分析	青年科学基金项目	工商管理	2012 年	彭艳君	北京工商大学
新一代电子商务中面向用户生成内容的统计问题的研究	青年科学基金项目	管理科学与工程	2013 年	孙芳芳	哈尔滨工业大学
用户生成内容情景下产品创新知识形成机制研究：基于情感的作用	青年科学基金项目	工商管理	2013 年	马永斌	宁波大学
基于用户生成内容的新型市场竞争智能分析方法的研究	青年科学基金项目	工商管理	2014 年	张瑾	中国人民大学
海量 WEB 用户生成内容物化关键技术	地区科学基金项目	计算机科学	2014 年	杨青	桂林电子科技大学
消费者对网络 UGC 使用的实证研究：基于移动 UGC 演化和消费者学习的视角	青年科学基金项目	工商管理	2014 年	王清亮	西安交通大学
基于 UGC 的应急响应决策支持系统关键技术研究	面上项目	管理科学与工程	2014 年	闪四清	北京航空航天大学
新一代电子商务中 UGC 对企业绩效提升的影响研究	青年科学基金项目	管理科学与工程	2015 年	李慧颖	厦门大学

同样，在国家自然科学基金项目上，也出现了一批关于用户生成内容方面的项目。与社会科学不同，自然科学在立项上更加具体化、实践化。2012 年，探究用户生成内容对多渠道零售权益的影响。2013 年，研究转向了移动 UGC

的统计和机制问题。2014年，研究视角进一步拓展，其中既有青年项目也不乏面上项目。从这些项目所涉及的学科来看，图书馆学、情报学、新闻传播学、管理科学与工程、心理学以及计算机科学都对用户生成内容的研究表示出了浓厚的兴趣。

从研究内容来看，国内学者分别对UGC多个方面进行了研究。其中主要包括：UGC产生方式及运作机理的研究；UGC的质量评价及控制研究；UGC相关法律问题；UGC在各领域中的应用与影响。

1. UGC产生方式及运作机理的研究

对UGC概念的辨析及产生方式、运作机理的研究是用户生成内容研究的基础，在这方面，国内涌现出一批相关研究成果。赵宇翔、范哲和朱庆华等人（2012）从用户、内容、动因和生成模式四个维度对用户生成内容（UGC）概念进行了解析，并将UGC分为四种生成模式，即独立式（individual）、累积式（collective）、竞争式（competition）和协作式（collaborative）❶。么媛媛和郑建程（2014）对用户生成内容（UGC）的元数据进行研究，将其分为照片和图像类、音乐和音频类、视频和电影类、公民新闻类、教育内容类、移动内容类、虚拟内容类，并建立了UGC元数据模型❷。门亮和杨雄勇（2015）对主流UGC平台的信息流进行分析，并提出一个最基本的UGC包含网站平台（或移动应用平台）和用户这两个信息承载体和发布、

❶ 赵宇翔，范哲，朱庆华，2012. 用户生成内容（UGC）概念解析及研究进展 [J]. 中国图书馆学报（201）：68-81.

❷ 么媛媛，郑建程，2014. 用户生成内容（UGC）的元数据研究 [J]. 图书馆学研究（9）：68-73.

浏览、回复这三个主要交互动作的主要观点[1]。孙淑兰和黄翼彪（2012）对用户生成内容（UGC）模式进行了研究，提出 UGC 模式存在的问题以及问题解决的部分途径[2]。

2. UGC 的质量评价及控制研究

用户生成内容的质量是决定用户生成内容内容能否长久发展下去的重要因素。因此，对 UGC 的质量评价、质量控制的研究显得更为必要。李贺和张世颖（2015）建立了移动互联网用户生成内容质量评价指标体系的层次结构，并由此构建了基于用户感知的移动互联网用户生成内容质量评价体系[3]。张世颖（2014）以用户移动互联网 UGC 动机为切入点，系统研究影响移动互联网 UGC 行为的关键因素、作用机理及基于个体异质性的动机模型，然后对生成内容的质量作评价研究，并提出“量”与“质”的优化对策[4]。王晶（2015）指出用户对社会化媒体上的 UGC 总体质量状况评价一般。用户的年龄、职业、学历以及用户创建内容时的时间、地点、心情等不定因素都会对其所创建内容的形式和主题产生影响。用户创建习惯具有无规律性、多样性特征，用户创建内容的频率、上网时间、个人偏好等都会对 UGC 质量产生影响[5]。金燕和闫婧（2016）提出一种基于用户信誉评级的 UGC 质量预判方法。通过挖掘、分析用户以往信息活动中的 UGC 创建、转发、评论等历史行为，为用户

[1] 门亮，杨雄勇，2015. UGC 平台的特征及其信息流的分析 [J]. 设计（5）：52-54.

[2] 孙淑兰，黄翼彪，2012. 用户产生内容（UGC）模式探究 [J]. 图书馆学研究（13）：33-35.

[3] 李贺，张世颖，2014. 国内外网络用户信息需求研究综述 [J]. 图书情报工作（5）：19.

[4] 张世颖，2014. 移动互联网用户生成内容动机分析与质量评价研究 [D]. 吉林大学 .

[5] 王晶，2015. 社会化媒体环境下 UGC 质量状况的调查与分析 [J]. 创新科技（12）：47-49.

建立起个人信息行为动态信誉评级模型，根据用户过往的信誉等级，预判用户下一次 UGC 行为及该行为所产生的 UGC 的质量。实验证明该方法能够呈现不同用户在观察期的 UGC 行为质量，实现对 UGC 质量的实时预判 ❶。金燕（2016）从 UGC 存在的质量问题、UGC 的质量评价、UGC 的质量控制等方面梳理了国内外 UGC 质量研究的主要成果，并对相关成果进行评述 ❷。金燕和李丹（2016）从 UGC 创建过程角度出发，引入统计过程控制思想对 UGC 质量进行实时监控，构建了基于 SPC 的 UGC 质量实时控制框架，并建立“词条内容质量管理系统”对该框架进行验证。实验结果表明，该方法能够深入到 UGC 的创建过程，及时发现质量异常点，在低质量 UGC 出现时立即识别并进行处理。这种事中实时控制、事前预防的方法改变了 UGC 质量控制过度依赖于事后控制的状态 ❸。

3. UGC 在各领域的应用与影响

用户生成内容是用户以互联网上的各类应用为工具，通过创造性活动而产生的。因此，要研究用户生成内容就需要考虑和分析各类移动应用和平台。如：陈欣、朱庆华、赵宇翔（2009）介绍了 YouTube 和用户生成内容的发展和现状，通过收集一段时间内 YouTube 的视频数据，分析和讨论了用户生成内容的系统特性（包括视频类别分析、评论数分析、浏览数和排名分析）。金燕和刘倩瑜（2015），以“小木虫”论坛为例，在问卷调查和重点访谈的基础

❶ 金燕，闫婧，2016. 基于用户信誉评级的 UGC 质量预判模型 [J]. 情报理论与实践（3）：10-14.

❷ 金燕，2016. 国内外 UGC 质量研究现状与展望 [J]. 情报理论与实践（3）：15-19.

❸ 金燕，李丹，2016. 基于 SPC 的用户生成内容质量监控研究 [J]. 情报科学（34）5，86-141.

上，识别出学术型 UGC 社区的用户主体及其协同信息行为的主要类型，统计与不同类型主体进行协同的满意度，并据此探讨学术型 UGC 社区用户协同信息行为产生的协同效益规律及其影响因素[1]。沈颖（2015）通过对“豆瓣东西”的研究，从实际案例出发，分析市场运营情况和数据，解决 UGC 对转化率影响的问题。[2]黎邦群（2014）针对当前图书馆 OPAC 网站的用户生成内容缺少优化而影响检索体验的现状，研究了用户生成内容优化的影响因素及具体策略[3]。

4. UGC 相关法律问题

近年来，互联网上用户生成内容数量呈现爆炸性增长，这些内容丰富了网络信息资源，颠覆了传统的信息传播模式，但是同样也带了很多问题，如欺诈、色情、知识产权等法律问题，所以对用户生成内容涉及的法律问题研究也是目前学者研究的一个重点。在这方面，龚立群和方洁（2012）首先对 UGC 面临的法律问题的类型（包括知识产权侵权问题、侵犯隐私、仇恨言论、诽谤和网络色情等）进行了梳理；其次，对现有法律、法规和技术在解决用户生成内容所带来的法律问题时的缺陷进行了分析；最后，从政府法律机构、网络监管机构、UGC 服务提供网站、家庭和互联网用户的各参与方角度提出了用户生成内容规范的对策建议[4]。在 UGC 涉及的法律问题中，学者最主要的还是针对 UGC

[1] 金燕，刘倩瑜，2015. 学术型 UGC 社区用户协同信息行为的调查与分析 [J]. 图书馆学研究（17）：80-84.

[2] 沈颖，2015. 从豆瓣网试水社区化电商角度分析 UGC 对消费行为的影响 [D]. 首都经贸大学 .

[3] 黎邦群，2014. OPAC 用户生成内容优化 [J]. 图书馆论坛（1）：80-84.

[4] 龚立群，方洁，2012. Web2.0 环境下用户生成内容面临的法律问题 [J]. 情报科学（4）：535-539.

版权问题的研究。卢璐（2012）提出网络版权保护以及网络平台建设将成为我国文化产业发展、文化成果输出以及文化价值传播的重要领域[1]。李妙玲(2014)提出版权法对用户生成内容的发展起到保护与限制的作用；用户生成内容的出现与发展推动了原有版权法的修订或者新版权法的出台，二者存在密切的联系的主要观点[2]。

1.2.2 国外研究现状

为了更好地展示出国外UGC的研究现状，以“user generated content”“UGC”“consumer generate content”“user created content”“UCC”“consumer generated media”“user generated data”为检索词，本研究在WOS上检索出近10年来（2006—2016）被引频次高于5次的论文，共5184篇，利用citespace抽取关键词并进行分析。表1.4为出现频率在前30位的关键词。

由表1.4可以看出，排名前5名的关键词分别为“用户生成内容”“社交媒体”“网络”“系统”和“模型”。其中,“社交媒体”是产生用户生成内容的应用，系统、模型与用户生成内容的产生方式、运行模式等有关。由此可见，国外学者主要是从具体的问题入手来探讨用户生成内容的问题，既有对UGC运行模式的研究，也有对UGC具体应用的研究。

[1] 卢璐，2012. 用户生成内容（UGC）网站著作权问题探讨及应对策略[D]. 上海：复旦大学.

[2] 李妙玲，2014. 用户生成内容的版权问题研究综述[J]. 新世纪图书馆（6）：92-96.

表 1.4　2006—2016 年国外 UGC 文献关键词统计

排名	关键词	频次	排名	关键词	频次
1	user generated content	92	16	health	22
2	social media	71	17	knowledge management	21
3	internet	57	18	recommender system	21
4	system	56	19	user interface	20
5	model	48	20	technology	20
6	information	48	21	quality	20
7	social network	46	22	media	20
8	word of mouth	33	23	web site	19
9	Web2.0	33	24	trust	19
10	Web	30	25	impact	19
11	content analysis	29	26	behavior	19
12	management	28	27	retrieval	18
13	network	25	28	ontology	18
14	communication	25	29	framework	18
15	performance	23	30	classification	18

通过对关键词的整理发现，国外研究的方向主要集中在：UGC 概念及其原理的研究；UGC 内容的研究；UGC 动机的研究；UGC 在具体应用中的研究等几个方面。

1. UGC 概念及其原理的研究

OECD 在 2007 年的报告中对 UGC 的概念、测量、类型、发展等一系列问题进行了介绍与分析，描述了 UGC 的增长势头以及它在全世界范围内信息交流与知识共享中扮演的重要角色，并且认为用户生成内容是由业余人士通过非专业渠道制作的，包含一定的创造性劳动并在网络上公开可用的内容。Johan Östman（2012）认为UGC至少应具备两个特征：首先，它是业余者制作的包含一定的创新内容，或者是对已有内容的修改和编辑；其次，它能通过网络或个人日志的方式与他人共享❶。Shim和Lee认为用户生成内容是由数字环境下的普通大众而不是网站人员提交的任何内容，这些内容由用户原创或者由用户从其他来源拷贝而来❷。Shao认为用户生成内容的媒体（UGM）的两种属性，"易用"和"让用户控制"可以使人们在UGM中获得更大的满足❸。Chris和Zhao将个人的生成能力定义为一个人去生产和贡献任何内容的能力，这些内容在传播时，由社会环境的参与、沟通、协作引起用户的共鸣❹。Roger指出用户生成内容与贡献者之间相互作用的网络结构在用户生成内容产生中起着重要的作用❺。Reichheld指出用户购买产品产生的口碑（WOM）被视为一个主要的购买激励因素，在许多购买决策中，客户的倾向向他人推荐产品，或者称为推荐值，这是企业最重要的成功措施❻。

---

❶ OSTMAN J，2012. Information，expression，participation：how involvement in user-generated content relates to democratic engagement among young people [J]. New Media & Society（6）：1004-1021.

❷ SHIM S，LEE B，2009. Internet portals' strategic utilization of UCC and web2.0 ecology [J]. Decision Support Systems（47）：415-423.

❸ SHAO G，2009. Understanding the appeal of user-generated media：a uses and gratification perspective [J]. Internet Research（19）：7-25.

❹ ZHAO Y X，CHRIS，2014. An integrated framework of online generativecapability：interview from digital immigrants [J]. Aslib Journal of Information Management（66）：219-239.

❺ ROGER W，2016. The importance of user-generated content：the case of hotels [J]. The TQM Journal（22）：117-128.

❻ REICHHELD F F，2003. The one number you'll need to grow [J]. Harvard Business Review（81）：46-54.

2. UGC 内容的研究

国外对 UGC 本身内容的研究集中在两个方面：一是对 UGC 内容分类的研究；二是对 UGC 质量的研究。在对 UGC 内容分类的研究中，ZHang 等人（2016）指出，电子市场的消费者能够针对其产品和服务来反馈意见，这些意见称为用户生成内容（UGC）的结构化或非结构化类型，如数字评分、文字评论❶。Lukyanenko 等人（2014）认为，结构化和非结构化休闲内容的 UGC 往往是模糊的、异构的，甚至这些内容指的是相同的产品或服务❷。Sandeep Krishnamurthy 和 Wenyu Dou 根据参与 UGC 活动的目的不同把用户分成理性用户（知识分享、倡议）和感性用户（社交、娱乐）两类。在此基础上，他们又依据 UGC 活动中参与人数的多少将 UGC 分成团体协作产生的内容（维基、论坛、多玩家的在线游戏、虚拟社区）和个体用户创造的内容（专家博客、消费者评论、消费者创造内容）❸。在对 UGC 质量的研究中，Myshkin Ingawale 和 Amitava Dutta Rahul（2013）以网络为中心的角度对 UGC 质量进行研究，并使用全新视角的动态建模工具❹。Anouar Abtoy 等人（2012）研

❶ ZHANG X F，YU Y，LI H X，et al.，2016.Sentimental interplay between structured and unstructured user-generated contents [J]. Online Information Review（40）：119-145.

❷ LUKYANENKO R，PARSONS J，WIERSMA，2014. The IQ of the crowd：understanding and improving information quality in user-generated content [J]. Information Systems Research（25）：669-689.

❸ SANDEEP K，DOU W Y，2008. Note from special issue editors：advertising with user-generated content：a framework and research agenda [J]. Journal of Interactive Advertising（2）：1-4.

❹ INGAWALE M，RAHUL A D，2013. Network analysis of user generated contentquality in Wikipedia [J]. Online Information Review（37）：602-619.

究了UGC在其存在期间的质量评价以及UGC和物理世界信息质量的关系[1]。Flavio Figueiredoa等人（2013）对雅虎和video5（一个流行的社交视频分享应用以及一个在线广播和音乐社区网站）中的用户生成内容进行研究，指出一个文本的质量取决于三个方面，包括它是否能够提供足够有用的内容；是否能提供对对象内容很好的描述；是否能够有效区分不同预定类别的对象[2]。Chen和Xu等人（2011）指出，为了提高在线社区内容的质量，应该引入一个中性内容检测系统来监控评论者产生的内容。中性内容检测不仅有效地筛选出带有偏见的信息，而且中性信息可以使其他评论者很容易地利用在线通信进行匿名联系[3]。Callahan和Herring（2011）对不同语言、不同国家用户创建的维基百科进行分析指出，虽然维基百科主张严格的"中立的观点"（NPOV）政策，但是定量和定性分析的结果揭示了不同文化、历史和价值观的系统性差异对内容的创建有显著的影响[4]。Lim和Steffel（2015）研究书评网站的书评内容。研究显示，专家评分对书评的可信度产生影响，而用户评分并没有。当专家的评分高时，受访者认为较高的用户评分比较可信；当专家的评分较低时，受访者认为较低的用户评分比较可信[5]。Ingawale等人（2013）从六种

---

[1] ABTOY A, et al., 2012. Bridging content's quality between the participative web and the physical world [J]. International Journal of Advanced Computer Science and Applications（5）: 124-128.

[2] FIGUEIREDOA F, PINTOA H, BELéM F, 2013. Assessing the quality of textual features in social media [J]. Information Processing & Management, 49（1）: 222-247.

[3] CHEN J, XU H, WHINSTON A, 2011. Moderated online communities and quality of user-generated content [J].Journal of Management Information Systems, 28（2）: 237-268.

[4] CALLAHAN E S, HERRING S C, 2011. Cultural bias in wikipedia content on famous persons [J]. Journal of the American Society for Information, 62（10）: 1899-1915.

[5] LIM S, STEFFEL N, 2015. In.uence of user ratings, expert ratings and purposes of information use on the credibility judgments of college students [J]. Information Research An International Electronic Journal, 20.

语言的维基百科分析了互动网络结构在内容质量形成的作用。结果表明，维基百科内容处在中心的方向上，作为节点连接到网络中的其他不相交的内容。维基百科文章的中心是在一个独特的位置，有机会获得非冗余来源和不成比例的大量的贡献，这两个特点组成的一个组合优先使得在中心出现高质量的文章❶。

3. UGC 动机研究

由于国外用户生成应用起步较早，涌现出大量的相关应用，且大量应用进入商业化领域。所以，对 UGC 动机进行研究不仅是学术上的需要，在实践上也有重要的意义。John 等人（2013）指出，博客者的知识、读者回应他们的态度以及博客的社会网络优化对博客者的态度有很大的影响，进而影响到博客者的倾向❷。Michele（2015）指出利他、复仇和经济动机是在生成负面移动 UGC 的主要动机。这些动机也与特定的网络平台有关❸。Saokosal Oum 和 Dongwook Han（2011）发现社会信任和感知娱乐性是创造用户生成内容至关重要的驱动因素❹。Jacques 和 Bughin（2017）发现用户制作、分享视频主要出

❶ INGAWALE M，DUTTA A，ROY R，et al.，2013. Network analysis of user generated content quality in Wikipedia [J]. Online Information Review，37（4）: 602-619.

❷ JOHN R T，SUMMEY，JOHN J，2013. A perceptual approach to understanding user-generated media behavior [J]. Journal of Consumer Marketing（30）: 4-16.

❸ MICHELE H，2015. User agreements and makerspaces : a content analysis [J]. New Library World（116）: 358-368.

❹ OUM S，HAN D.，2011 An empirical study of the determinants of the intention to participate in user-created contents（UCC）services [J]. Expert Systems with Applications（38）: 15110-15121.

于出名、娱乐和分享三个目的，而经济利益则不是基本的动机❶。Guosong Shao（2009）认为用户利用UGC的目的主要有，获得信息和娱乐、社会交往和社区发展、自我表达和自我实现❷三方面。George和Scerri（2007）指出UGC发布的随意性及创作主体的广泛性，使得UGC引发了许多问题，比如知识产权、网络隐私保护、言论自由、UGC平台提供商的责任关系、诽谤、色情作品、仇恨言论、机密性等❸。Goes等人（2014）发现，如果用户变得更受欢迎，他们将产生更多并且更客观的评论❹。Chrysanthos等人（2014）发现，在其他条件不变的情况下，消费者更喜欢对市场上不太成功的产品（评论数少的产品）以及许多其他人已经在网上评论过的产品做评论。这两种对立力量的存在导致了一个“U”型关系群体存在❺。Piccoli等人（2014）比较移动环境下产生在线评论的情况。他们的研究表明，通过移动设备发布的评论有更及时、更短、更有针对性和更多的负面评论的特点。此外，用户用移动设备产生比较积极的评论平均长度短于负面评论❻。

---

❶ JACQUES R，BUGHIN，2007. How companies can make the most of user-generated content [J]. The McKinsey Quarterly（3）：1-4.

❷ SHAO G S，2009. Understanding the appeal of user-generated media：a uses and gratification perspective [J]. Internet Research（1）：7-25.

❸ GEORGE C，SCERRI J，2007. Web2.0 and user-generated content：legal challenges in the new frontier [J]. Journal of Information，Law and Technology（3）：66-68.

❹ GOES P B，LIN M，YEUNG C M A，2014. “Popularity effect” in user-generated content：evidence from online product reviews [J]. Information Systems Research，25（2）：222-238.

❺ DELLAROCAS C，GAO G D，NARAYAN R，2014. Are consumers more likely to contribute online reviews for hit or niche products? [J]. Journal of Management Information Systems，27（2）：127-158.

❻ PICCOLI G，OTT M，2014. Impact of mobility and timing on user-generated content [J]. Mis Quarterly Executive，13（3）：147-157.

4. UGC 在具体领域中的研究

由于 UGC 种类多样，形式各异，且依托的平台众多，国外学者在这方面的研究非常繁杂。Sandra（2010）指出，游客贡献的内容在很大程度上有助于目的地形象的形成，这项研究提供了一个创新的旅游业的内容和目的地品牌的影响分析，并提出了一种通用的基于 Web 的策略的理论模型❶。Ribeiro 等人（2014）指出旅游者与旅游产品的参与水平，创新和社交媒体的使用直接影响关于游客旅游经历的评论❷。WILLIAMS 等人（2010）指出，在酒店网站中三种类型的 UGC 是酒店需要的：关于酒店的客观信息；有关评论者资格的信息；有关评论者的信仰和期望的信息❸。Parikh 等人（2010）提出用户使用评论的问题集中在使用的数量、使用的动机、信任程度、用户的倾向。用户倾向于在信任的平台上评论❹。在社交平台领域，Lee（2014）探讨了网络用户对政治事件产生讽刺的评论对年轻人的政治态度的影响。结果表明，在大学生中，讽刺评论与他们对候选人的评价的好坏有显著性相关❺。Gazan（2011）认为，社交问答网站是一个以概念化的文字作为工具，同时集合实例、社区的复杂的社会技术系统。

❶ SANDRA CARV O，2010. Embracing，user generated content within destination management organizations togain a competitive insight into visitors' proles [J]. Worldwide Hospitality and Tourism Themes（2）：376-382.

❷ Amaro S F，Abrantes J L，Seabra C，et al.，2014.Travel content creation [J]. Journal of Hospitality and Tourism Technology，5（3）：245-260.

❸ WILLIAMS，ROGER，WIELE V，et al.，2010. The importance of user-generated content：the case of hotels [J]. The TQM Journal，22（2）：117-12.

❹ PARIKH A，BEHNKE C，VORVOREANU M，et al，2010. Motives for readingand articulating user-generated restaurant reviews on Yelp.com [J]. Journal of Hospitality and Tourism Technology（5）：160-176.

❺ LEE F，2014. The impact of online user-generated satire on young people's political attitudes：testing the moderating role of knowledge and discussion [J]. Telematics &Informatics，31（3）：397-409.

社交问答系统的研究主线包括算法、问题、用户分类、答案的分类、质量评价、用户满意度、用户的动机、用户更好的参与性❶。Madden 等人（2013）通过分析 66637 名 YouTube 用户对视频的评论建立了一个分类模式。通过这个分类模式对 YouTube 用户归类发现，YouTube 用户将评论作为一种沟通和自我表达的手段❷。Kang（2016）探讨了 Web2.0 背景下用户生成内容作为公民新闻的情况。UGC 作为新闻不能反映真理、意图、道德和社会责任。他指出，新闻意味着一种特定类型的写作和报道，达到了一定的质量标准和专业精神。用户生成内容中有很多并不复合新闻的定义。因此，公民新闻应该进行更狭隘和具体的界定❸。

1.2.3 国内外用户生成内容研究现状的评析

通过对国内外关于用户生成内容的文献进行回顾发现，近年来国内外学者对用户生成内容显示出了极大的兴趣。研究内容涉及 UGC 研究的多个方面，既有整体的分析，又有具体的研究；既在传统网络环境下研究用户生成内容，又在积极拓展移动网络环境下的新问题和新方法。

1. 研究层次

当前国内外 UGC 的研究可划分为三个层次和两个研究环境。三个层次分

❶ GAZAN R，2011. Social Q & A [J]. Journal of the American Society for Information Science & Technology，62（12）：2301-2312.

❷ MADDEN A，RUTHVEN I，MCMENEMY D，2013. A classi.cation scheme for content analyses of you tube video comments [J]. Journal of Documentation，69（69）：693-714.

❸ KANG I，2016. Web2.0，and citizen journalism：revisiting south korea’s ohmynews model in the age of social media [J]. Telematics & Informatics，33（2）：546-556.

别为，概念层、通用层和应用层；两个研究环境，即传统互联网环境和移动互联网环境，见图 1.2。

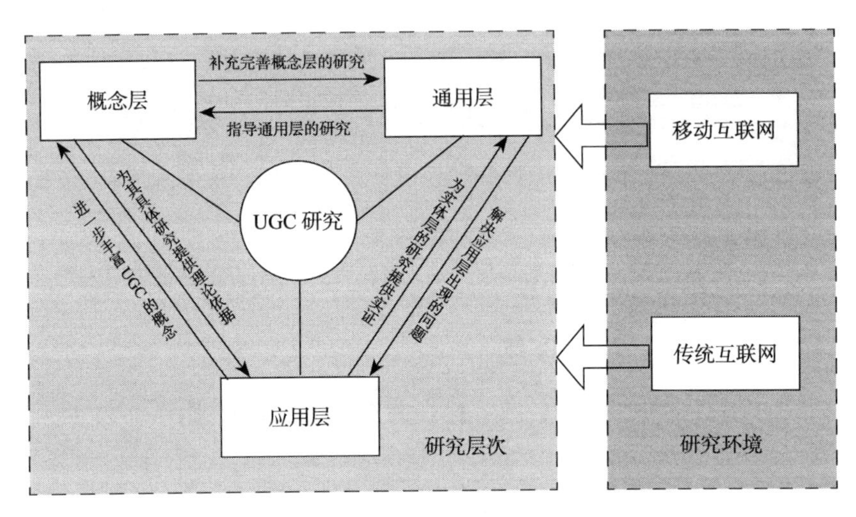

图 1.2　用户生成内容研究层次及环境图

所谓概念层就是对 UGC 的概念的辨析，在宏观层面上对 UGC 的运作机理、运行模式、形成机制进行研究。通用层则是对 UGC 一般性问题进行研究，这些问题往往是一类问题。如 UGC 的质量、动机、法律问题的研究。应用层的研究则主要是对 UGC 具体应用的研究。这些具体应用主要包括视频类、问答平台类、百科类和微博博客类等。

在概念层的研究中，国内外学者主要论及 UGC 概念的辨析以及对 UGC 的分类问题。同时，对 UGC 的组织形式、运行机制进行探讨。概念层在整个 UGC 的研究中处于基础地位，其研究结果为通用层和应用层的研究提供了概念支持和逻辑解释。

通用层的研究主要是解决UGC在应用上面临的一般性问题。主要有UGC的质量问题、UGC的法律问题、产生UGC的动机。学者在进行这方面的研究时，往往从具体应用领域入手，通过分析，得出一般性结论。这些结论一方面能够直接作用于具体应用；另一方面也能够完善和发展概念层的研究。

Web 2.0的兴起，造就了一大批UGC应用的产生与蓬勃发展，所以在应用层的研究上，国内外学者的研究对象非常多元。总结起来，主要有视频类应用、百科类应用、社交化问答平台应用、微博博客类应用以及论坛、网站上的评论。与此同时，这些研究还涉及了旅游业、新闻业等领域。其中，文字类的研究多于视频类的研究；评论类的研究多于百科类的研究。通过对具体应用研究得出的结论可以为通用层的研究提供实证分析。不断出现的新形式的UGC也为UGC概念层上的研究提供了新的研究方向与视角。

以上三个层次的研究并不是割裂开的。首先，概念层的研究能够指导通用层的研究，通用层的研究能够解决应用层研究遇到的问题，而应用层的研究又拓宽了UGC概念内涵、运行模式、形成机制；其次，在一篇文献中也可能既有对UGC概念上的探析，也有对其具体应用中的分析。所以说这三个层次的研究是相辅相成、互为依托相互促进的。

2. 研究环境

国内外学者对UGC的研究还处在传统互联网络和移动互联网络这两个环境之中。当前大部分的研究都没有对这两个环境进行区分，而是笼统地统称为用户生成内容的研究。学者大都从网络入手，分析了包括在线评论、视频、博客、维基百科等内容，也对UGC的框架做了一系列分析。但只有少数学者界定了移动网络这个前提。当今时代，移动互联网席卷全球，颠覆了旧的信息通信与交流模式，使得用户生成内容呈爆发式增长。今后研究中应区分不同网络环境下用户生成行为的研究，尤其是要对移动网络环境下的用户生成内容做重点研究。此外，通用层作为连接概念层和应用层的桥梁更应该着重研究，而在通用层的研究中，用户生成内容的质量研究是最不可或缺部分，因此，将移动互联网与用户生成内容质量问题相结合是未来研究的发展方向。

1.3 研究思路与内容

本研究首先通过文献和理论回顾对移动用户生成内容可使用性的评价进行理论分析；然后，从用户的角度进行可使用性测试及访谈，进一步对移动 UGC 可使用性的指标进行探讨，借助探索性因子和结构方程模型，在上述研究的基础上对初始的可使用性指标进行实证探索，并对指标模型的有效性和可靠性进行验证，以及对各指标的影响程度的分析，在此基础上构建评价指标体系；最后，利用构建的评价指标体系实际对移动 UGC 进行评价，提出提高移动 UGC 可使用性的建议。主要内容如下。

（1）用户生成内容和可使用性评价的基本问题。移动用户生成内容可使用性评价指标来源。

（2）在参考可用性评价理念的基础上，运用可用性测试的方法掌握用户对于移动 UGC 可使用性的感知，并对其归纳，初步形成出移动 UGC 可使用性的指标。结合相应的研究成果，从用户获取 UGC、用户使用 UGC、用户特征等方面归纳出一级指标和二级指标，并对各个指标命名。

（3）在已有研究的基础上，通过问卷调查，对归纳一级指标进行探索，根据探索结果对原有指标进行删减、整合形成新的一级指标，并对其命名。利用 AMOS 方程对这些评价指标组成的结构方程模型进行验证和分析。

（4）在对移动 UGC 可使用性指标分析的基础上，构建出移动 UGC 可使用性测评指标体系。核心思想主要是借助指标结构方程模型的影响效应作为计算不同指标的权重。

（5）利用构建的评价指标体系对具体的移动 UGC 进行评价，总结出与移动 UGC 可使用性建设相关的建议。

1.4　小结

本研究对国内外关于用户生成内容的研究成果进行了梳理，分析了当前主要的研究主题。将用户生成内容相关研究分为概念层、通用层、实体层。这三个层次的研究构成一个有机体，相互影响相互促进。与此同时，当前的研究处在传统互联网和移动互联网并存的环境下。大部分文献没有对这两个环境进行区分。

通过文献梳理，本研究认为，首先，在用户生成内容领域，国内外研究学者都对用户生成内容的内容，尤其是对移动用户生成内容的质量给予了较高关注，但是，可使用性作为评价移动用户生成内容质量的关键指标，虽然在有些文献中有所提及，但大多数文献只作为一种现状或评价体系中的要素，对可使用性研究的重视不够，且尚未触及可使用性研究的系统评价；其次，在可使用性评价领域，研究者主要对系统、网站进行可使用性评价，涉及内容的可使用性评价较少。系统和网站只是信息内容的载体与依托，系统和网站的可用性固然重要，但是与信息内容的可用性有着较为显著的区别。从信息资源价值的视角分析，信息内容的可用性更为重要。

因此，在今后的研究中，国内外学者应该重视用户生成内容可使用性的研究，这不仅能解决用户生成内容资源数量庞大、质量良莠不齐的问题，还能够提高用户对信息内容的利用效率。此外，网络信息资源开发利用作为国内外学者研究的热点，用户生成内容是其重要的组成部分，而可用性作为决定信息是否有价值的重要判断标准，研究这一问题将会丰富现有的网络信息资源的研究成果。

第 2 章　用户生成内容的基本问题概述

2.1　用户生成内容的概念及特征

UGC（User Generated Content）的全称是用户生成内容，由于使用和表达习惯的不同也称为用户创建（或创造）内容（User Created Content，UCC），也有国外学者使用“Consumer Generated Content”一词表达近似的含义。UGC 是互联网用户信息行为和交流活动的结果，是用户创造力的重要表现。它随着互联网的普及而产生，随着 Web2.0 的兴起而蓬勃发展。最初是以个人网页或网站的形式出现，而后出现了网络论坛、博客、社交网站、微博、网络百科全书、网络直播、短视频等形式，成为互联网中重要的信息来源，现在正朝着多元融合的方向发展。

经济合作与发展组织（OECD）（2007）认为，UGC 具有三个基本特征，即：互联网上公开可用的内容；内容的创新性；强调普通用户的创作[1]。首先，

[1] OECD，2007. PartieiPativeweb：Use-Created Content [M]. Paris: Wikis & Social Networking：11-15.

UGC 必须是在互联网上公开发表的内容，包括面向整个互联网用户公开或是面向局域网用户公开。同时，UGC 的产生必须是点对面的沟通方式，这不同于邮件往来和即时性通信工具类点对点的沟通；其次，用户公开的内容里要包含自身的创新性，也就是说内容要具有一定的新颖性，不同于前人的创造；最后，网络中的普通用户参与内容的创造，不同于以往由精英或专业人员创造内容的方式。

移动通信技术与互联网技术的充分融合使得用户接入互联网更为方便，智能移动终端，尤其是智能手机的普及也为随时随地生成和分享内容提供了更加便利的条件。2006 年以后，移动互联网用户呈爆发式增长，并逐渐超越传统互联网用户成为网民的主体，与此同时，互联网应用渗透到社会各个领域，深刻影响并改变了人们的工作与生活。用户使用手机上网的时间持续增长，对相关内容的需求也更为强烈，各类新鲜有趣的移动应用平台也为用户生成内容提供了更多的条件与激励。在这些因素的综合作用下，移动互联网用户生成内容（Mobile Internet User Generated Content）快速崛起，并且成为影响用户网络行为的重要因素。

移动互联网用户生成内容，即移动用户生成内容（以下简称移动 UGC）是用户在移动互联网环境下生成并通过开放式网络平台发布的信息内容，包括文本、音频、图像、视频等类型。它是移动互联网（Mobile Internet）与用户生成内容（User Generated Content）相结合的产物。与早期出现的 UGC 相比，移动 UGC 具有更丰富的内容呈现形式，更庞大的资源总量，更频繁的访问和使用价值，更值得深入分析与探讨。

2.2　用户生成内容的产生方式及运作机理

当前，用户生成内容平台是一种以普通用户自发生产内容为基础，并由此引发的人与价值内容的关联、人与人的关联、人与商业的关联，最终为平台产生商业价值的互联网商业形态。内容作为媒介传播的核心要素，无论是在传统纸媒时代、传统互联网以及移动互联网时代，都具有强大的生命力。

用户生成内容平台可以被视为一个生态系统，用户生成内容就是这个生态系统里的生物，而创造这些内容的用户则是确保这些生物得以延绵不绝的空气、阳光、水分等重要要素，各种内容都在争夺用户的时间和注意力就如同各种生物之间的相互竞争一样。

本研究对用户生成内容在平台中形成的各个阶段进行了归纳如图 2.1 所示，其中用户生成内容的源头是用户，载体是 UGC 平台。

首先，用户受到内部因素或知外部因素的影响，选择平台进行账号注册，在账号注册时，用户需要提交自己的邮箱、手机号等身份认证信息来验证账号并且接受网站提供的协议条款；其次，用户在 UGC 平台上发布内容；最后，用户上传到 UGC 平台上的内容供其他用户进行浏览，并进行点赞、评论、编辑等操作，这是正向的用户生成内容的过程，同时这些互动内容又被存储在 UGC 平台上供用户进行浏览，用户进行回复、评论等，这是逆向用户生成内容的过程。正向和逆向过程的结合，极大提高了用户的参与度。

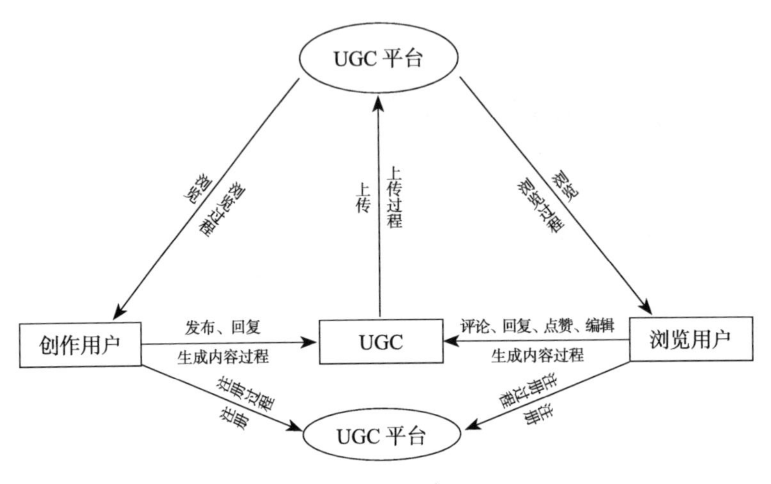

图 2.1　用户生成内容的形成过程

2.3　用户生成内容的主要类型

以移动 UGC 为基础的论坛、博客、独立 SNS 网站、微博等平台在互联网上蓬勃发展，这得益于互联网技术以及手机等移动设备性能的提高，视频网站及图片网站也纷纷加入移动 UGC 的行列，此外，还有很多其他行业也都与移动 UGC 密切相关。本研究对当前相关文献进行分析，整理出了不同学者对于移动 UGC 的分类。

2.3.1　基于内容载体的分类

随着互联网和移动终端的迅速发展，移动 UGC 的形式也在不断变化和扩充，胡丹华（2013）结合前人的研究，从内容载体角度将 UGC 的内容形式分为视频音频、图片、应用程序、文档文字等[1]，见表 2.1。

表 2.1 基于内容载体的分类

内容形式	内容细分	内容描述
文档、文字	组群聚合内容	聚合性的内容资源，可包括新闻、社会化标签、点评、超链接等的聚合
	共享文档	文档资源共享，格式主要以 DOS、PPT、PDF、CAJ 等格式为主
	知识型内容	发布知识型的内容资源，用于学习交流
	文学创造内容	原创型文学作品和对已有作品的评论及二次创作
图片	照片 / 图片	用户上传自己的照片，或者用户创造和编辑过的图片
视频 / 音频	视频	用户自己录制的视频内容和对其他视频的重新编辑内容，或者二者混合
	音频	用户自己录制的音频内容以及对已出版的音乐、聚合音频和其他数字音频的重新编辑内容
虚拟内容	商店程序	由商户上传应用程序，广大消费者以付费方式下载
	网络共享程序	用户上传广大范围的应用程序，大部分以免费的形式下载

2.3.2 基于用户创新程度的分类

刘兰和徐树维根据用户贡献的方式不同可把移动 UGC 分为用户创造的内容、用户添加的内容和用户行为产生的内容三种类型[2]，见表 2.2。

[1] 胡丹华，2013. 基于挖掘的学术虚拟社区知识推荐研究 [D]. 华中师范大学 .

[2] 刘兰，徐树维，2009. 微内容及微内容环境下未来图书馆发展 [J]. 图书情报工作，53（3）：34-37.

表 2.2 基于用户创新程度的分类

类型	解释	例子
用户自己原创的内容	用户通过自己的智力劳动产生的内容	用户发表的博文、上传的自己拍摄的照片、视频等
用户添加的内容	用户从别的信息载体转载而来的内容	从传统信息媒体（电视、报纸等）、图书上转载的一条百度知道的答案、一条维基百科的款目、一张地图等
用户的行为产生的内容	用户被动形成的内容	用户点击、访问形成的点击率、访问率、用户推荐等

2.3.3 基于内容知识属性的分类

刘琼（2015）按照用户生成内容资源的知识属性来分，用户协同生成的数字资源可以分为标准化资源和多元化资源❶，见表 2.3。

表 2.3 基于内容知识属性的分类

分类	解释	例子
标准化资源	是指资源生成过程遵循科学规律，符合研究逻辑规范，一般来自官方解释和学术研究结论，所包含的内容都是准确的，没有异议的，可以为用户提供论据使用。	网络百科全书
多元化资源	不要求标准答案，更多体现用户的互动性和发散性，通常没有统一答案和解释，对使用者只有参考价值，用户可以围绕某一问题展开讨论，发表自身对问题的理解和认识。	各类网络论坛和社区

❶ 刘琼，2015. 网络信息资源的用户协同生成机制分析 [J]. 情报杂志（7）：184-188.

2.4 典型的用户内容生成平台

为了能将当前移动互联网环境下 UGC 的现状描述的更加完整，本研究按用户贡献动机将移动 UGC 分为知识型、商业型、兴趣型、社交型以及综合型，并列举包含有这些内容的平台，见表 2.4。

表 2.4 基于用户贡献动机的移动用户生成内容分类

类型	含义	相关平台
知识型	主要指以分享观点、提供信息和知识共享为主要特征的内容	知乎网、分答、悟空问答
商业型	主要指和社会化商务相关的一系列内容	大众点评、58 同城
兴趣型	主要指以爱好交流、兴趣小组、聚合组织为主要特征的内容	小红书、豆瓣社区、百度贴吧
社交型	主要指用户通过网络进行社会化交际往来产生的内容	朋友圈、QQ 空间、微博
综合型	主要是指用户受多种动机共同作用而产生的内容	综合类平台

（1）知识型内容。

知识型内容主要指以分享观点、提供信息和知识共享为主要特征的内容。近年来，该类型的用户生成内容异军突起，形成了大量以分享观点为主的问答平台。这是由于在移动互联网时代，用户依靠其自身的认知盈余成为社会资本，可以就一件事情来分享自己的观点、看法，获得其他用户的称赞与追捧，进而能够将自己的知识变现。与之相对应的问题是，这些内容是用户利用自己的知识储备、生活经验产生的，带有很大的主观性，可能对其他用户产生误导。

（2）商务型内容。

这部分内容主要是由进行了一系列社会化商务操作的用户形成的，包括口碑、购物评论等内容。这些内容对其他进行同样商务活动的用户有很大的参考作用，也是当前 UGC 商业化最浓的内容。但这部分内容同样存在着一些问题。首先，用户对事物的评价，仅代表了个人或一部分人的认识结果，并且带有主观倾向性，不适用于所有公众。其次，在当前的电子商务活动中，存在着大量“刷单”、虚假评论等欺骗用户的行为。

（3）兴趣型内容。

这部分内容主要指用户以共同爱好、兴趣交流为主要特征的内容。贡献这种内容的用户都是围绕着相同的“兴趣”聚集起来,这些“兴趣”或为一个研究，一个明星、一款游戏，抑或是一款化妆品。相比前两种类型内容的用户，这部分用户更有组织性。这些有着相同“兴趣”的用户聚集在一起贡献独特的内容，用户的陌生感低，贡献动机积极，用户之间的互动和参与度都很高。存在的问题是，靠用户兴趣形成的内容，带有强烈的用户主观偏好，容易影响其他用户的判断。

（4）社交型内容。

这部分内容主要是指用户通过网络进行社会化交际往来产生的内容。与上述三种类型不同，用户贡献的社交型内容的受众往往是有权限的，即自己的好友。用户贡献该内容的目的就是为了将自己与好友紧密地联系在一起，迅速吸引好友的关注，从而加强与好友的联系。由于熟人社交的存在，这部分内容也存在着一些问题：一些用户利用与其他好友的信任与亲近发布一些虚假的商业信息，引人上当受骗；或为了博得好友的关注，散布一些谣言等。

（5）综合型内容。

一部分用户会出于多种动机而贡献内容，其中较为典型的如电商平台中“问大家”板块所产生的内容，该板块的主要功能是由已购买的用户向未购买的用户解答相关提问，用户贡献这一类型的内容往往既出于分享自己的观点，为他人提供信息的动机，又出于对所购商品进行点评的动机。由于综合型内容的产生受用户多种动机的驱使，因此综合型内容的真实性与客观性往往更难于判断。

本研究选取知识型、商务型以及兴趣型三类内容的相关平台——知乎网、大众点评以及小红书作为重点分析对象，对这三个平台的优势与不足进行系统阐述，以反映当前移动 UGC 的应用现状。没有对社交型以及综合型内容平台进行分析，主要是因为：首先，不同于综合型平台，知识型、商务型以及兴趣型三类平台中所包含移动 UGC 的种类是比较单一的，因此，对包含单一内容的平台进行分析更能精准地把握当前移动 UGC 的应用现状；其次，社交型平台中的内容，大多数是面向用户有限的好友，具有清晰的边界和封闭性，不能明显突出用户生成内容“一对多”的特性，而知识型、商务型以及兴趣型平台中的内容则面向所有用户，因此相对于社交型内容来说更具代表性。

2.4.1　知乎网

知乎是一个真实的网络问答社区，社区氛围友好与理性，连接各行各业的精英。用户分享着彼此的专业知识、经验和见解，为互联网源源不断地提供较高质量的信息内容。

“知乎（Zhi Hu）”一词本意是“你知道吗”，不仅生动地体现了其问答属性，而且取词文言文，古典优雅，大方得体。知乎的使命是把人们大脑里的知识经验和见解搬上互联网，让彼此更好地连接。当前，内容消费需求正在升级，用户对于内容的需求，已经不再是简单的信息或是常识，而是拓展至更多层面，知乎对于知识普惠的定位更符合目前网络消费升级的需求。此外，用户生活方方面面有了更高需求，吃喝玩乐几乎都要问互联网，而知乎能给出最专业、最完整的答案。准确地讲，知乎更像一个论坛：用户围绕着某一感兴趣的话题进行相关的讨论，同时可以关注兴趣一致的人。对于概念性的解释，网络百科全书都能满足其用户的需求，但是对于发散思维的整合，却是知乎的一大特色。

知乎的内容生态沉淀了 7 年，内容社区非常优质，集合了大量有深度的内容，如今更是衍生出了问答、Live、电子书等内容集于一体的梯度内容，用户有任何问题几乎都可以在这里得到解决。

1. 发展历史

知乎网的创始人周源，于 2010 年创办知识问答社区——知乎，并出任 CEO。知乎网站于 2010 年 12 月上线，采用邀请制注册方式；2011 年 3 月，知乎获得李开复的天使轮投资，之后又获得启明投资的千万美元 A 轮投资；2013 年 3 月，知乎向公众开放注册，不到一年时间，注册用户迅速由 40 万攀升至 400 万；2014 年 6 月，知乎完成由软银财富领投的 2200 万美元的 B 轮融资；2015 年 11 月 8 日，C 轮融资 5500 万美元，新投资方为腾讯和搜狗，腾讯领投，此前的投资者赛富、启明创投和创新工场也在本轮进行了跟投；2017 年 1 月 12 日，知乎宣布完成 D 轮 1 亿美元融资，投资方为今日资本，包括腾讯、搜狗、赛富、启明、创新工场等在内的原有董事股东跟投，知乎该轮融资完成后估值超过10亿美元，迈入“独角兽”行列；2017年11月8日，知乎入选时代影响力·中国商业案例TOP30。

总的来看，知乎网的发展可以分为三个阶段。

（1）第一阶段，2011—2012年——小型知识社区期。

知乎2011年1月28日上线，最初的目的是构建一个小型知识社群，为各种专业的人士提供相对专业的回答。在这个时期，知乎也是不开放的。

（2）第二阶段，2013—2015年——开放期。

知乎于2013年初实行开放注册，开始由服务小部分网络用户的网站转变为服务大部分网络用户的网站。在这个时期，知乎网尽可能地吸引各行业的专业人士，努力搭建一个中型知识社区，丰富平台中的内容。知乎移动端的版本也在此阶段发布。

（3）第三阶段，2016年至今——综合发展期。

知乎从2016年开始面向广泛的知识消费者、合作伙伴，搭建一个大型的知识平台，把用户与内容放在首位，将社区作为重要的基础与核心。与此同时，知乎网也针对前期盈利模式不明显的现状做出了调整，开发出电子书、付费阅读以及专栏作者、圆桌问答等板块，增强了平台的盈利能力。

2. 特点

知乎网的创始人周源认为需求从来不是被创造出来的，而是重塑、迁移或转型的。所以知乎的产品形态也一定是还原了某种线下的场景——“问答对话”。在信息泛滥的互联网海洋中，真正有价值的信息是稀缺品，被系统化、组织化的高质量信息主要存在于个人的大脑中，远未得到有效的挖掘和利用，因此，知乎提供了一个产生、分享和传播知识的平台，鼓励每个人都来分享知识，将每个人的知识聚集起来，并为人人所用。知乎要做的其实是提升人们交换知识的效率，方式就是通过问答连接人，让每个用户都来贡献自己的大脑。

人和人的交流是靠互抛问题来延续下去的，所以问答本来就是人们最基本的加深彼此连接的方式。如周源所说，人类每天都在大量交换信息，而问答就是其中最重要的一种方式，但传统线下的问答是低效的，比如用户不一定能问到对的人，用户的对话不能留存下来给后人分享等。

所以，知乎的存在就是提升用户之间交换信息的效率，而且是真正有价值的信息。任何人都能编辑任何人的提问，是知乎的第一大特点。

相比回答，知乎更在意引导用户“正确地提问”。知乎不会显示提问者的身份，在知乎看来，提问者是谁并不重要，重要的是问题本身。所以，“引导”无处不在。用户之间可以互相修改对方的问题，对于提问不准确的“新手”用户，总会有经验丰富的老用户来修改他提出来的问题。这是知乎的第二大特点。具体来看：

（1）知乎鼓励用户在创作内容的过程中进行讨论。用户在知乎网中可以关注与其兴趣一致的人，进行相关的讨论。知乎鼓励用户在问答过程中进行讨论，这样可以使用户从多角度看待问题，产生更具有参考性的内容。

（2）独特的内容排序机制。每一个用户在知乎注册的时候都会被赋予一个个人分数值，此后，用户分数值的多少取决于用户在知乎中的每一个操作。用户贡献的内容首先按赞同票数排序，在赞同票数相同的情况下按个人分数值排序，同时隐藏被用户认为无效的答案。

③ 知乎坚持严格的邀请制度。知乎与其他平台不同，当用户创建或浏览到一个问题时，可以在平台内邀请其认为适合作答的用户来回答该问题。这样一来可以方便用户有针对性地向感兴趣的人提出疑问，通过这一操作也使知乎呈现更加严谨的创作氛围。

3. 主要功能与运行模式

知乎的主要操作如图 2.2 所示。

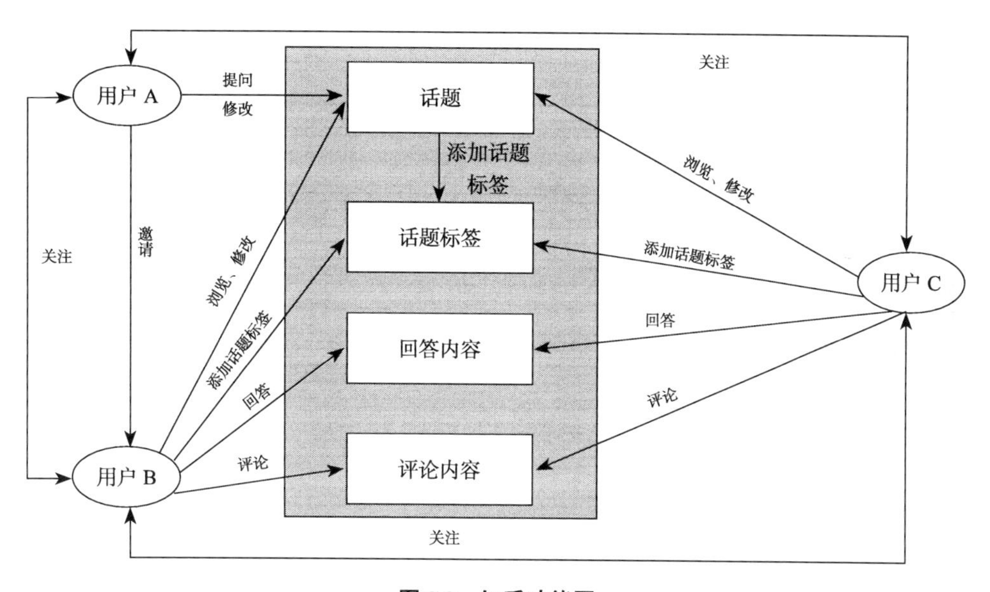

图 2.2　知乎功能图

（1）创建问题——用户可以在平台中就自己感兴趣的话题创建一个问题，并为问题添加相应的话题标签。

（2）邀请用户——用户创建问题后可以邀请平台推荐的相关用户进行回答，这个动作能够保证用户所提到的问题有相当的关注度，进而能够使这些用户贡献出丰富的内容。

（3）回答问题、添加话题标签——用户可以针对问题提出自己相应的见解，也可为问题添加话题标签，使其他用户能够更容易搜索到此类问题。

（4）评论——用户对已有的答案进行文字、表情等内容的回复。评论使得回答变得生动，也可起到解释回答的作用，可以大大吸引用户的浏览。

（5）修改问题——问题的提问者以及其他用户可以就用户的回答调整自己的问题，这个举措可以使用户之间讨论的氛围更加热烈以及话题性更加深入。

（6）关注——用户将感兴趣的用户或把话题加入关注。关注可以增强用户间的互动并且使用户产生归属感。

总的来看，知乎的主要模式在于关注机制和邀请机制。用户对感兴趣的话题、问题、用户进行关注，任何被关注个体的信息动态都会推送到关注者的主页中，在提问时也可以邀请自身关注的用户进行回答。因此，用户关注网络能够更好地解释社会问答平台的人际关系和知识传播途径。另外，由于采用了公共编辑机制，知乎的话题设置具备一定随意性，在话题成立后，其他用户根据自己的理解对话题进行修改，因此，话题关注者群体能够具备较强的独立性。具体来看：

第一，知乎的话题网络是一个围绕关键节点展开的稀疏网络，意见领袖在其中扮演着关键角色。由于这种社群关系网络基于互联网连接，信息具有较高的传播效率和速度，意见领袖的作用被进一步放大；第二，不同于传统公知名人，知乎的意见领袖只是具有专业背景的普通用户，他们通过积极参与讨论和贡献知识逐步积累自身的知名度，因此也和其他用户保持大量的、紧密的、直接的联系，也同时成为连接不同用户群体的“传播桥梁”。

第二，在知乎话题中，少部分活跃的专业用户对话题的公众意见走向发挥着重要作用。在产品设计上，用户在社区内提出问题或解答，还可以关注三项内容：其他用户、问题和话题——从关注人和关注事两个不同维度来更好地发现内容。在问题答案中，用户可以用投票机制，给好的答案投票，将好的答案顶到页面靠上的位置。

4. 盈利模式

知乎的盈利一直是一个难题。目前看来，知乎有几种盈利模式：① 广告，包括侧边广告、圆桌在内；② 出版收益。盐系列、知道的吧等；③ 版权收益，比如，某些网络剧中使用知乎的段子需要支付相应的费用。在创立之初，知乎为了保证高质量的用户体验，走精英化路线，从产品设计到具体内容都没有任何的广告。但是从知乎的发展趋势看，知乎未来的盈利模式和其他媒体不会存在太大的差异，广告收入依然是其主要盈利模式之一。

在知乎上投放广告还处于试水阶段，2013 年知乎尝试在客户端的边侧放置高德地图的广告，2014 年又在页面右侧发布了“百度浏览器”的广告。除了广告取得收入以外，知乎“盐系列”电子书以及实体书的发行，都是知乎的收入来源。“盐系列”电子书自 2014 年起开始在豆瓣、亚马逊等各大电子书店发售，价格略低于实体书籍，是当前知乎最巧妙的盈利模式之一。

将知识变现是近期互联网的热门话题，比如知乎 live，分答都是最近比较火热的话题，但是知识变现有两个痛点需要解决：一是不知道应该向谁去提问；二是知识的定价问题。

5. 存在的问题

传统问答网站随着 Web2.0 的浪潮兴起，依靠用户创造内容，但同时也产生了大量低质量甚至虚假的垃圾信息，使得筛选和辨别信息成为使用者的负担。在社交网络普及了新一代的在线社区后，引入用户之间的关系来帮助发现、筛选问题和答案成为新的思路，也在一定程度上能解决用户“看完就走”的实用主义倾向，增加黏性。

当然，知乎不能像维基百科那样寄希望于海量用户对内容的自我修正。因为问题不是词条，理论上它会有无数个劣质的变体。知乎也没采取严格的实名制比如身份证号认证那样的极端方法来限制用户的恶意，无法从根本上解决上面提到的问题。

总的来说，目前知乎面临的问题有以下三个方面：

（1）问题的质量下降。在问答平台中，一个好的问题能够激发用户创作高质量内容的热情。但是，在知乎中，有相当一部分用户常常提出一些没有意义的问题。知乎创建的目的就是想通过用户自己的智慧解决一些较难解决同时又有意义的问题。如果用户已经可以找到答案，却因为其他的一些原因经常提出一些毫无意义的问题，那么知乎中内容的质量就会受到一定程度的影响。

（2）相似内容的泛滥。在知乎中，一些经典的问题已经得到了用户的解答，获得了高质量的答案，但与这些经典问题相似的问题仍然层出不穷。这类与经典问题相似的问题浪费了用户大量的精力。与此同时，在不同的问题下也存在着近乎相同的回答，这些回答中有的是用户复制自己先前在其他问题中的回答，有的则是用户抄袭他人在其他问题下的回答。

（3）马太效应明显。在知乎中，有着各个行业内、头顶各种标签的“大 V”用户，这些人提出的问题，贡献的回答会受到很多人的关注，而普通用户提出的问题或贡献的内容则长期得不到他人的关注，长此以往，会挫伤普通用户创作内容的积极性。

2.4.2　大众点评

2003 年 4 月，大众点评网在上海成立，是国内最大的生活信息服务指南网站之一，也是全球最早建立的第三方独立消费点评网站之一。大众点评网致力于为网友提供全国各地餐饮、购物、旅游等生活服务领域的商户信息和推荐消费优惠活动，并同步推出发布消费评价、增添商户信息的互动平台。采用用户贡献内容方式建设网站内容。2005 年，大众点评开始踏足移动互联网领域，并先后于 2009 年年底和 2010 年年初推出苹果和安卓系统的大众点评手机客户端特点是：操作简单、功能实用、好玩。手机客户端的数据内容与大众点评网站实时同步。目前，进驻大众点评的商户数量将近 200 万家，用户点评信息数量超过 2000 万条，提供的商品和服务覆盖全国 3000 多个城市。

1. 发展历史

从 2003 年成立至今，大众点评网共经历了四轮融资。2006 年，中国融资市场复苏，大众点评获得红杉资本的首轮 100 万美元投资，这也是红杉中国成立之初投资的早期项目之一；2014 年 2 月，腾讯宣布与大众点评战略合作，持后者 20% 股份；2014 年 12 月 27 日，大众点评完成规模逾 8 亿美元新一轮融资；2015 年 10 月 8 日，大众点评网与美团网联合发布声明，宣布达成战略合作并成立新公司，新公司将成为中国 O2O 领域的领先平台，合并后双方人员架构保持不变，保留各自的品牌和业务独立运营，新公司将实施 Co-CEO 制度，美团 CEO 王兴和大众点评 CEO 张涛将同时担任联席 CEO 与联席董事长，重大决策将在联席 CEO 和董事会层面完成，新公司估值超 150 亿美元，此次交易得到阿里巴巴、腾讯、红杉等双方股东的大力支持，华兴资本担任本次交易双方的独家财务顾问；2016 年 7 月 18 日，生活服务电商平台美团—大众点评（简称“新美大”）宣布，获得华润旗下华润创业联和基金战略投资，双方将建立全面战略合作。

总的来看，大众点评网的发展可划分为三个阶段。

（1）第一阶段，2003—2005 年：深耕线下市场期。

在上海创立为大众点评打下了很好的基础。当时国内互联网并不发达，而上海作为全国经济中心，网民数量相对较多。更重要的是，大众点评针对的是本地商户，而上海人是出了名的喜欢消费，热爱美食，这些人成为大众点评的第一批种子用户。最初大众点评只有上海一个城市，直到一年后才开设了北京和杭州两个分站，在这个时期，大众点评的发展速度并不是很快，而是一个城市一个城市精耕细作，很快获得了一批质量很高的用户。

（2）第二阶段，2006—2009 年：高速发展与竞争期。

随着中国融资市场的复苏，2006 年，大众点评获得了第一笔融资，投资方为红杉资本。此时，大众点评已经成为上海相当知名的一个本地网站，并开始高速向全国其他城市拓展。在这个阶段，大众点评遇到了相当强劲的竞争对手——口碑网。口碑网于 2004 年 6 月在杭州创立，比大众点评晚了一年多，其业务模式和大众点评非常相似。2006 年 10 月，口碑网获得阿里巴巴投资，成为大众点评最大的竞争对手。在获得阿里巴巴投资后，口碑网展开了一系列针对大众点评的活动，在吸引大众点评用户转投口碑网的同时，还将大众点评网的用户评论照搬至自己网站。虽然从公司体量上来说大众点评不如有阿里巴巴支持的口碑网，但是大众点评的用户质量很高，用户黏性强于口碑网，用户的支持帮助大众点评抵挡住了口碑网的竞争，未能对大众点评形成真正的挑战。

（3）第三阶段，2010 年至今，业务转型以及成熟期。

由于移动互联网的快速发展，2010 年，大众点评开始借助移动互联网转型，其中大众点评发生的最大变化就是在过去的广告业务的基础上增加了团购等本地生活服务。由于大众点评通过多年的积累，已经拥有大量商家信息，因此被外界认为是最适合做本地生活服务的公司。2011 年 4 月，大众点评获得 1 亿美元融资，开始“二次创业”。

2015 年 10 月 8 日，大众点评网与美团网联合发布声明，宣布达成战略合作并成立新公司，成为中国 O2O 领域的领先平台。大众点评具有优势的线下团队和经验以及美团网的线上运营模式打通了线上线下的壁垒，形成了成熟的商业模式。

2. 特点

大众点评网一直致力于城市消费体验的沟通和聚合。大众点评网首创并领导的第三方评论模式已成为互联网的一个新热点。在这里，几乎所有的信息都来源于大众，服务于大众；每个人都可以自由发表对商家的评论，好则誉之，差则贬之；每个人都可以向他人分享自己的消费心得，同时分享集体的智慧。

大众点评移动客户端通过移动互联网，结合地理位置以及网友的个性化消费需求，为网友随时随地提供餐饮、购物、休闲娱乐及生活服务等领域的商户信息、消费优惠以及发布消费评价的互动平台，迅速成为人们本地生活必备工具。具体来看，大众点评有三个特点：

（1）海量的商户信息。大众点评于 2003 年 4 月成立，经过 10 多年的发展，成为中国领先的城市生活消费平台和独立的第三方消费点评网站。借助移动互联网、信息技术和线下服务能力，大众点评为消费者提供值得信赖的本地商家、消费评价和优惠信息及团购、预约预订、外送、电子会员卡等 O2O 闭环交易服务，覆盖了餐饮、电影、酒店、休闲娱乐、丽人、结婚、亲子、家装等本地生活服务行业。

早期的大众点评，靠人工梳理，利用销售人员对商户进行逐个推销，利用团购、电子优惠券、关键词排名等手段吸引商户加入，迅速积累起了众多的商户。除此之外，用户点评也起到了很重要的作用，早期用户发现什么比较新奇的商铺会在大众点评网上写点评，这在当时也是十分新潮的一种行为，迅速引起了年轻人的关注，那些评价多的商户自然吸引更多的人前来消费，因此其他商户也纷纷效仿入驻大众点评。

（2）累积多年的用户点评内容。大众点评成立于 2003 年，当时的用户分享心态和现在大有不同。2003 年的点评网早期用户，是将这个网站当作一个美食家分享经验甚至是有些炫耀意味的平台。在 2008 年以前大众点评网上有一大批的资深吃客用户，他们对大众点评早期的贡献非常巨大，一些高级用户的评论可能导致一些餐厅一夜成名，天天客满。这极大地推动了大众点评的影响力，尤其是一些新生餐厅。而点评网对添加店铺、撰写点评、上传图片等用户行为进行奖励——给予积分可以用来换取小电扇、公交卡等实用小物品，这也增加了用户黏性。除此之外，早期大众点评网的点评内容差评情况比较突出，这是由于在大众点评网出现前，用户并没有一个合适的途径来对那些服务差、产品差的商户进行批评，因此在点评网出现后，成为用户对不满意服务批判的宣泄口，也促进了点评内容作为一种评判工具的成长。

（3）忠实用户与移动 / 线下渠道。2007 年以后，随着智能手机的出现，大众点评迎来了一个新的增长点，开始和线下的手机厂商合作，预装大众点评的应用。因为移动应用改变了用户的原有使用习惯：从必须出门前做功课、打电话，变成了随时随地可以获取信息和优惠。而最早开始使用移动应用的用户正是餐厅、KTV 和咖啡馆这类商家们最想要的用户群——年轻、愿意外出就餐和娱乐、乐于分享、消费频次高的群体。大众点评对这类用户群的先入为主，使得后来的类似竞争网站只能处于跟随的状态。因为越早接触用户，就越早了解用户需求，越早开始改进，大众点评拥有之前 4 年累积的海量点评和商户信息，成为用户体验最好的点评应用。在这个阶段，大众点评开始深耕上海和北京市场，推销关键词和店铺优惠券两个产品，加深了大众点评的影响力和渗透力。2010 年后，拥有海量用户评价和商户信息的大众点评开始进入团购业务，又一次给大众点评提供了新的增长点。

3. 主要运作流程

大众点评现在已经成为本地生活服务平台，提供包括团购（包含闪惠、优惠券等手机优惠买单业务）、订餐、外卖、酒店预订、电影票选座、上门服务等业务。大众点评针对不同业务所开发的功能也不尽相同，团购业务已经占据大众点评网所有业务的 80% 以上。大众点评网的主要运作流程如图 2.3 所示。

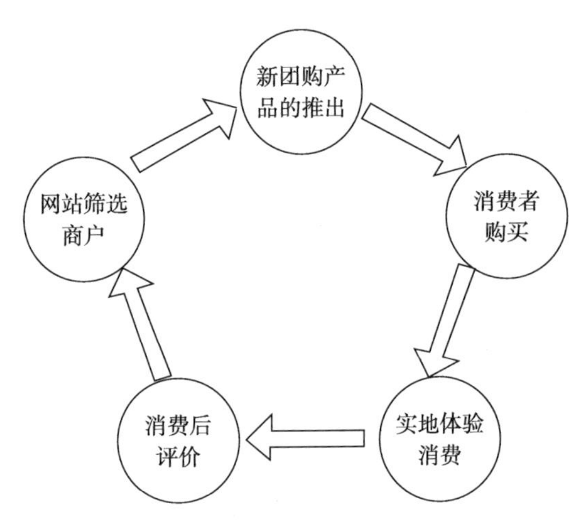

图 2.3　大众点评网运作流程

4. 盈利模式

2015 年 10 月 8 日，大众点评网与美团网联合发布声明，宣布达成战略合作并成立新公司。其盈利模式主要有：

（1）团购订单提成。大众点评与商家进行团购合作，实现了商家赚人气，用户赚优惠消费，大众点评网作为团购营销平台得到用户消费的订单提成的三方共赢局面。

（2）佣金收入。借鉴携程网的模式，推出积分卡业务。会员凭积分卡到餐馆用餐时可享优惠并获积分，积分可折算现金、礼品或折扣。大众点评网凭借其渠道平台的优势，向餐馆收取佣金，以积分形式返还给会员一部分后，剩下部分就是大众点评网站的收入。

（3）网络广告使用定向投放技术。大众点评网根据不同地区的用户喜好，在不同的城市投放有针对性的广告甚至定位精确到用户上网的不同时间段。这也是网站收入的重要组成部分。

5. 存在的问题

（1）点评公信力的细分管理不足。首先，用户对商户的星级或者口味等评分，都是一部分人员的结果，并且带有主观倾向，不适用于普罗大众。需要对用户以及用户的点评进行分类管理；其次，用户的点评内容是大众点评重中之重的核心，也是点评网所有业务的根本。大众点评网一向将这个领域视为核心，中间多次改版和修改评分规则等也是为了完善点评信息的有效性。但是由于点评的开放性，必然导致大量垃圾评论和无效信息的干扰，大众点评本身也一直在采用一些手段来过滤这些内容，但现有技术手段收效不大，因此也只能简单依靠撰写评论的用户被赞次数、用户级别,在线时间等因素选择一部分“高端用户”提高这类用户的评价权重。

（2）对于基本信息及评论的时效性控制不足。大众点评提供的大部分是生活服务类服务，包括了用户的衣、食、住、行，这些商户服务的流动性相对比较频繁，比如，一家餐厅上半年和下半年的菜单可能不同，主厨也不同，那么之前的信息已不能作为参考。由于海量的商户入驻，数据变得非常巨大，在此基础上要保证信息的及时性与准确性，否则用户的信任度就会下降，平台的使用频率就会降低。

（3）业务拓展问题。大众点评将餐饮点评模式复制到购物、休闲娱乐、生活服务等领域后，并没有取得预期的人气。主要原因在于，购物、休闲娱乐、生活服务的商户特征、用户需求点、目标人群与餐饮有较大差别。大众点评还在进一步扩张中，可能导致广而不专；且在扩张的过程中与其他服务类平台“短兵相接”，如主导生活服务类的 58 同城、主导旅游类的携程等，这些平台在各自领域也积累起了足够的优势。大众点评在全服务上还有很多的路要走。

2.4.3 小红书

在新的文化和市场环境下成长起来的新一代中产阶级对生活方式有着超越传统认知的新诉求，由此产生了更高的消费需求。而就目前国内企业的产品生产理念、能力而言，很难满足中高端消费群体的高层次需要，因此这一部分人群将目标投向产品市场更为成熟的海外，使得海外购物越发火热。小红书以此为切入点，期望用户像逛街一样利用移动端带来的碎片化时间在分享社区中进行闲逛或者分享自己的海外产品购物心得，同时激发用户对于分享的优质产品的购买欲望，以这样的诱导式消费带动新上线的自采海外产品的销售，实现社区电商的高转化率，成功开辟自己的市场。

小红书是一个网络社区，也是一个跨境电商，还是一个共享平台，更是一个口碑库。小红书的用户既是消费者，又是分享者，更是同行的好伙伴。成立之初，小红书只是一个分享境外购物旅游经验的社区，之后小红书从美妆切入，逐渐成长为一个以旅行、购物、美妆等话题为主的偏女性的内容社区。在早期社区打造上，小红书主要使用来自用户生成的内容，小红书甚至一度只有一位内容编辑。在内容形式上，小红书推出了图文、短视频等多种内容形式并设置了标签功能以显示相关的地点、话题以及品牌信息。从2016年开始，受用户多元化影响，用户开始主动在小红书平台分享母婴、时尚、运动等品类内容，小红书抓住机会开始由一个美妆垂直平台向多元化拓展。而后，通过深耕移动UGC购物分享社区，短短4年成长为全球最大的消费类口碑库和社区电商平台，成为200多个国家和地区、5000多万年轻消费者必备的“购物神器”。截至2017年5月，小红书用户突破5000万人，每天新增约20万用户，成长为全球最大的社区电商平台。

1. 发展历史

2013年6月，小红书在上海正式成立，同年12月，小红书推出海外购物分享社区；2014年8月，小红书Android版本上线；2014年11月，小红书完成GGV领投的千万美元级融资；2014年12月，小红书正式上线电商平台“福利社”从社区升级电商，完成商业闭环；2014年12月，小红书发布全球大赏，获奖榜单被日韩免税店及海外商家广泛使用，成为出境购物的风向标；2015年年初，小红书郑州自营保税仓正式投入运营；2015年9月，国务院总理李克强视察小红书郑州自营保税仓，寄语“今天的成绩，三分靠创新，七分靠打拼”；2015年5月，零广告下，小红书福利社在半年时间销售额破2亿元；2015年6月6日周年庆期间，小红书APP登上了苹果应用商店总榜第4位，生活类榜第2位的位置，首日24小时的销售额就超过了5月份整月的销售额，用户达到

1500 万；2015 年 7 月，上海市委书记韩正到访小红书，为小红书的快速发展点赞；2016 年 1 月 17 日，腾讯应用宝正式发布 2015“星 APP 全民榜”，小红书摘得时尚购物类年度最具突破应用殊荣；2016 年 7 月，国务院副总理汪洋视察小红书上海总部，为小红书在这几年的发展点赞；2017 年 6 月，小红书第三个“66 周年庆大促”，开卖 2 小时即突破 1 亿元销售额，在苹果 App Store 购物类下载排名第一，与此同时，小红书用户突破 5000 万。

总的来看，小红书的发展可以划分为三个阶段。

（1）2013—2014 年：产品成型期。

这一阶段小红书虽然在探索市场，但是，作为一个 UGC 产品，本身的社区氛围非常健康，沉淀了大量优质的海外购物、全球好物分享笔记，围绕着旅行购物分享，慢慢地社区的边界已经拓展到生活的方方面面，为下一步拓展生活及电商领域打下良好的基础。

（2）2014 年 12 月—2016 年 10 月：初期增长期。

这一阶段是小红书最关键的一步，随着国内海淘风口的来临，凭借沉淀的海外购物分享笔记及用户使用心得，顺势而为进入海淘电商市场，这一阶段小红书团队凭借优秀的执行和决策力，一度处在同类型平台的首位。

（3）第三阶段：2016 年 10 月至今：高速发展期。

经过第二阶段的沉淀，小红书找到了自己更加清晰的定位，以深耕 UGC 的电商平台优势，成为同类平台的佼佼者。

2. 特点

小红书从创业初期到至今，发生了较大变化。目前小红书已从海外购物分享社区，转型成为社区型跨境电商。这个转变也意味着小红书开始了商业变现，它的口号是“找到全世界的好东西”，关注如何提升用户的生活品质。小红书目前的定位比较明确，以社区为基础，借助大量用户的积累和数据沉淀，精选产品，打造“爆款”，成为新一代社区电商。即先作为一个社区，通过移动 UGC 的形式，为想购买国外商品的用户提供实时的购物信息以及使用心得，然后借助上线以来的数据沉淀，精选出独特选品以跨境社区电商的身份进行网上销售。小红书具有社区的分享属性，这个属性能够满足新生代对社交的新需求，他们乐于分享配饰、化妆、搭配心得，希望与人交流并受到关注，以此获得自我价值的体现。与此同时，内容、社区与用户相互交织，形成了紧密的联系。UGC 模式的确立，不仅减少了内容编辑的工作量，用户生产的内容也为日后商业转化提供了极大的参照。具体来看，小红书主要有以下三个特点：

（1）定位独特。不同于京东等电商提供的是标准化程度较高的产品，比较适合有明确目的地购物，小红书的产品更像是“逛街”模式，其独特的定位，通过社区内容引导，且海外进口的产品价格和品质都有竞争力，满足用户此类需求。

（2）内容分享与供应链分离。与自上而下的广告 1.0 模式、网红意见领袖推荐的市场营销 2.0 模式不同，小红书的内容都是用户生产，是 C2B 自下而上的模式。推荐内容与供应链分离，不存在“拿了谁的钱帮谁讲话”的现象，是真正的口碑营销 3.0 模式，更能让用户产生信任感。在供应链的把控上也做到了严守细节，杜绝假货流入的可能。

（3）在电商中深植社区基因。打开小红书的盒子就看到红色信封，里面是一封来自小红书创始人“非职业流浪”的信，写着：“走得越远，越是好奇。为什么全世界有这么多好东西，身边的朋友却很多不知道？为什么在国外价廉物美的东西，在家却这么难买到？世界那么大，我想带你去看看。”无论从包装还是设计都非常用心，并且用“引导用户分享”的社区基因来做电商，引导用户分享到社区，增加黏度，提高重复购买率，吸引更多的用户。

3. 主要运作流程

小红书的主要运作流程如图 2.4 所示。

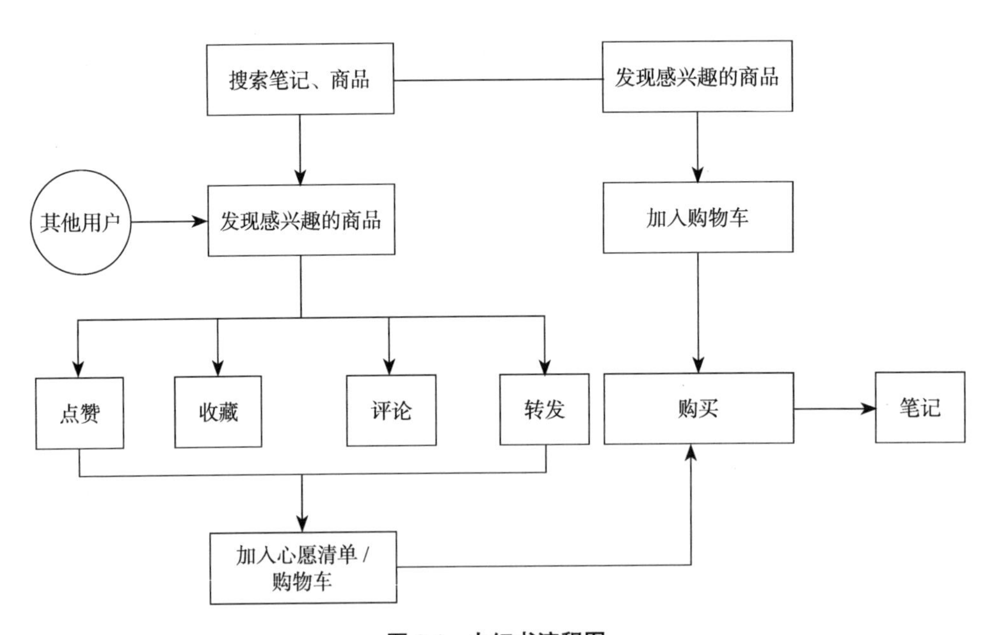

图 2.4　小红书流程图

小红书是一个垂直类社区，不同于其他购物网站，采用移动 UGC 社区形式为想购买商品的用户提供实时的购物信息及使用心得。用户的分享由一张图片和三个标签构成，能够回答购物中的三个关键问题:买什么，哪里买，多少钱，形成高质量的分享。同时小红书通过将大量分享的数据结构化，来为用户提供基于目的地、品牌、品类等多维度的购物参考信息。小红书为用户提供了全面的互动交流环境，同时有意识地引导用户对喜欢的商品的购买行为的转化。

4. 盈利模式

（1）带有兴趣社区基因的电商平台。小红书主导的新型兴趣社区电商模式以信息驱动，用户生成内容，通过真正的社交信息流方式，将线下逛商场时的冲动消费场景搬到了线上。告别了互联网电商比价场景，而代之以口碑营销的新模式。信息平台会注重优质内容的累积，适合新入品牌，然后通过搭建供应链完成产品闭环。同时小红书福利社的数据帮助用户更好的选品。

（2）个性化推荐。用户花足够的时间在小红书 App 里，通过无意识地点赞、收藏、关注、分享等行为能够对用户形成精准的个性化推荐，这是社区性电商的天然优势。据统计，小红书的用户平均每月打开 App 超过 50 次，使用 130 分钟以上，这是纯电商无法获取的极高价值的底层数据。

（3）与海外品牌商或大型经销商建立直接的联系。实现海外直采，并在国内保税区仓库进行备货，从而保证真品和发货速度。

（4）通过社区后台一系列的数据和调查、消费者的期待和反馈情况，来挑选海外品牌的合作对象。例如：小红书和日本护肤品巨头 Albion 的合作。Albion 的“健康水”在小红书的相关帖的收藏率比平均值高出很多，各项互动数据都表明它在消费群体中的热度，正是这些数据让小红书把目光放在了Albion身上，双方进行了不同方式的合作和探索，制定了有利于中国市场的长期市场策略。小红书开创了全新的C2B的口碑营销模式，即用户数据决定卖家的商品选择。

5. 存在的问题

（1）产品种类单调且数量少，售后服务薄弱。小红书刚从社区升级为社区电商，初涉电商领域，提供的产品品类、数量很少，不能满足其核心用户的需要；运营团队规模很小，销售过程中的售后服务没有建立一个包含退货、退款的售后服务体系，严重影响消费者对其的信任和青睐。

（2）没有形成自己的完善产品供应链和物流体系。小红书在后端产品采购上目前没有形成自己的产品供应链和物流体系，购物体验反馈中的物流承载水平非常不足，面对"爆仓"的局面，小红书目前的承载能力显得力不从心。社交网络上，一些关于小红书迟迟未发货、没有电话售后、留言退换货回复慢甚至无人回应等不满的声音开始流传开来。更让人不解的是许多用户的收错货，却不能得到有效地解决。

（3）用户生成内容的监管机制不完善。小红书的社区板块虽然以其高质量的帖子著称，但是随着其产品知名度的提升，在可预见的未来将会有大量水军的进入，商家为推广自身产品发布越来越多的广告、推广软文也是必然的。目前对这些内容的监管小红书还是采用编辑管理和用户举报的形式进行，从产品机制上没有对这些内容的限制，一旦软文广告泛滥将会严重影响其产品社区的形象，降低用户黏性。

2.4.4 总结

如表 2.5 所示，这些平台中创建时间最晚、用户最少的小红书都拥有 5000 万的用户，而大众点评则拥有数以亿计的用户；这些平台之所以能拥有数以千万的用户量，它们的优势都离不开海量优质的用户生成内容。用户生成内容是平台的核心资源，是决定一个平台是否能健康快速发展的重中之重。但是三个平台又在其核心资源（用户生成内容）上存在受争议、监管难、公信力低等诸多阻碍用户使用的问题。因此，引入人机工程学中可使用性的概念结合移动 UGC 的特点形成一套面向用户生成内容的评价指标体系是十分必要的。

表 2.5　相关平台优势与不足

平台	创建时间	用户数	类型	优势	不足
知乎网	2010 年	6900 万	知识型	良好的讨论氛围；严格的邀请制度；强调真实的网络问答社区，提供高质量的信息	答案质量下降；相似问题的泛滥；激励制度薄弱
大众点评	2003 年	2.9 亿	商业型	海量的商户信息；累积多年的移动 UGC 点评内容；拥有大量的资深用户，贡献高质量的内容	点评公信力不足；对于基本信息及评论的时效性控制不足
小红书	2013 年	5000 万	兴趣型	定位准确；带有兴趣社区基因的电子商务活动；独特的购物模式	产品种类单调且数量少，售后服务薄弱；用户生成内容的监控机制不足

2.5 小结

为了能将当前移动互联网环境下 UGC 的应用现状进行更好的描述，本章对 UGC 的基本问题进行了详细论述：

首先，解释了用户生成内容的概念及特征；其次，用户生成内容的产生方式及运作机制。

然后，将移动 UGC 按用户贡献动机分为知识型、商业型、兴趣型、社交型以及综合型，并列举了包含有这些内容的相关平台。

最后，选取包含知识型、商务型以及兴趣型三类内容的相关平台——知乎网、大众点评以及小红书客户端作为重点分析对象，并对这三个平台的优势与不足进行比较与归纳。

第 3 章　可使用性评价的基本问题概述

3.1　可使用性评价的产生与发展

可使用性定义最初诞生于人机交互领域，国际标准化组织（ISO）把可使用性定义为，在一个特定的环境中，被指定的用户能够有效地、满意地、高效地使用一个程序来满足一个特定的任务[1]。这个定义确定了评估可使用性的三个要素，即用户、目标、使用的环境。为了测量系统的可使用性，国际标准化组织提出三个具体指标：有效性、效率、主观满意度。除此之外，其他学者也给出了各自对于可使用性的理解。

Nielsen（2001）将可使用性定为五个属性：效率——资源消耗与用户实现目标的准确性和完整性之间的关系；满意度——免于不适，以及对产品的使用积极的态度；可学习性——该系统应该是很容易学习，以便用户可以迅速开始

---

[1] IZARD C E，1992. Basic emotions，relations among emotions，and emotion-cognition relations [J]. Psychological Review，99（3）：561.

做的工作与系统；记忆性——系统应该很容易使普通用户记住，能够有一段没有使用它而不必学习一切后再返回系统；错误——系统应该有一个低的错误率，这样用户在使用系统时犯了一些错误，如果他们犯错误，可以很容易地从它们身上恢复过来。此外，灾难性的错误不应该发生。Nielsen 对可使用性的定义与 ISO 给出的定义不同，认为可学习性、记忆性、错误率也是包含在可使用性指标中。

Shakel（1992）认为可使用性是指用户经过特定培训和支持后能够很容易、有效地使用该产品在特定的环境情景中去完成特定范围的任务❶。

Keenan 等人（1999）认为可使用性具有有用性和易用性两层含义。有用性体现在产品能否实现一系列的功能；易用性体现在用户与界面的交互效率、易学性以及用户的满意度❷。

马翠嫦等人（2012）指出，可使用性研究一直存在两个不同的研究方向：①来自人类工程学中人机交互领域对可使用性的研究；②在人机交互领域可使用性研究基础上，结合认知心理学进行的以用户为中心的可使用性研究❸。这两个方向上的研究者对可使用性概念和标准的理解有不同的侧重。

从以上学者对可使用性的理解，李晓鹏（2013）认为，可使用性是一个系统或产品使用品质的体现，是其能够被执行特定任务的用户有效、容易、满

❶ SHACKEL B，1992. Human factors for informatics usability [J]. Computer Journal，35（1）: 29.

❷ KEENAN S L，HARTSON H R，KAFURA D G，et al.，1999. The usability problem taxonomy：a framework for classicationan analysis [J]. Empirical Software Engineering，4（1）: 71-104.

❸ 马翠嫦，邱明辉，等，2012. 国内外数字图书馆可使用性评价研究历史与流派 [J]. 中国图书馆学报，38（2）: 90-99.

意地使用的能力[1]。本研究面向移动互联网环境下的用户生成内容，认为的可使用性是其自身具有的一种有效、容易、满意地获取并使用其内容来满足用户特定需求的属性。

3.2　可使用性评价的内容与方法

Nah 和 Davis（2002）认为进行可使用性评价是可使用性研究的重要组成部分，可使用性评价的应用范围十分广泛，如传统的信息系统界面研究、软件产品可使用性研究、电子商务、政府网站以及图书馆网站的可使用性研究等[2]。

Preece（2001）认为进行可使用性评价，方法的选取十分重要，选取适当的方法有助于降低可使用性评价的成本；增加错误的发现率；减少评价者的主观判断;提高评估的覆盖面[3]。因此，本研究将可使用性评价方法分为 5 类，即可使用性测试类、专家检查类、调查类、解析建模类以及模拟类，具体描述见表 3.1。

在这 5 类方法中，可使用性测试类的方法是当前最为常用的方法，是产品（服务）设计开发和改进维护各个阶段必不可少的环节，相较于其他类方法实施起来较为便利。本研究对相关平台的可使用性评价将采取可使用性测试类中的

---

[1] 李晓鹏，2013. 高校图书馆网站可用性评价研究 [D]. 南京大学 .

[2] NAH F，DAVIS S，2002. HCI research issues in electronic commerce [J]. Journa of Electronic commerce Research（3）: 98-113.

[3] PREECE J，2001. Sociability and usability in online communities : deter-mining and measuring success [J]. Behavior & Information Technology，20（5）: 347-356.

观察法及访谈法。通过实际观察、记录用户与平台操作界面的互动（即完成任务）以及对测试人员的访谈，确定平台的可使用性问题，获取用户对移动 UGC 可使用性的感知。

表 3.1　可使用性评价类型及具体方法

可使用性评价类型	介绍	具体方法
可使用性测试类	评价者观察用户与操作界面的互动（即完成任务），确定可使用性问题	观察法、提问法、跟踪法、教练法、教学法、共现法、性能测量法、日志文件分析法、回顾性测试法、远程测试法
专家检查类	利用一套国际标准或启发式方法在界面中识别潜在的可使用性问题	指导检查、认知演练、多元化演练、启发式评估、基于视角的方法、检查特征、检查、形式可使用性、一致性检验、标准检验
调查类	利用通过访谈、问卷调查等方法对用户反馈进行分析	情境调查、焦点小组、访谈、调查、问卷调查、自我报告、屏幕快照、用户反馈
解析建模类	通过计算机利用用户界面模型来生成可使用性预测	技术研究分析、认知任务分析、任务环境分析、知识分析、设计分析、可编程的用户模型
模拟类	计算机利用用户界面模型来模仿用户与界面之间的交互来报告这种相互作用的结果	信息处理建模、Petri 网建模、遗传算法建模、信息线索建模

可使用性测试是移动应用程序在设计、投入市场后用来评估可使用性的一种常用方法。可使用性测试实施时一般是使用发声思考，即用户在一个测试环境中被给予任务，鼓励用户在尝试完成任务时出声思考。这能够帮助可使用性测试的主试即实验者了解用户界面（APP 设计）是如何帮助用户自然地思考和执行操作，强化对于产品的特色和改善方法的认知。具体流程如图 3.1 所示。

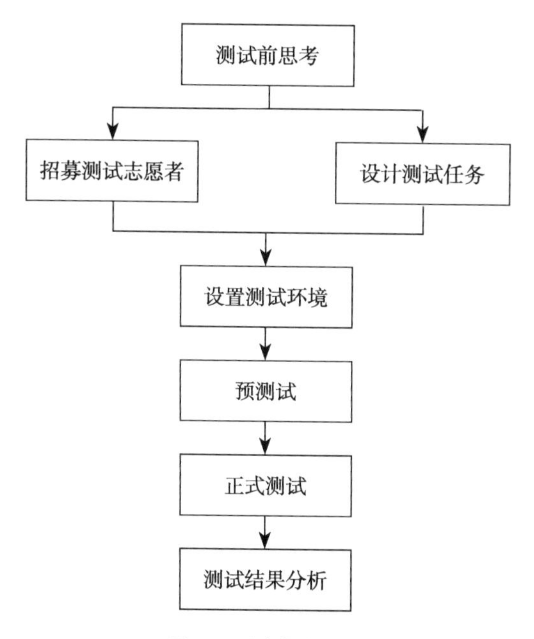

图 3.1　测试流程图

3.2.1　测试前思考

不论是做哪类平台的可使用性测试，如 PC 端、移动端或者是 WEB 端，在做测试前，测试者要整理出一些基本问题。通常是关于 5W 问题：

（1）为什么要进行这个测试（why）？测试可以验证一些设计中的疑惑，或者找出现有的界面、流程设计上的问题，具体问题要具体分析。

（2）什么时候在哪里做测试（when / where）？时间一般是需要和测试者协调的；地点一般选择在安静的会议室即可，如果有专门的实验室更佳。

（3）谁要作为测试者（who）？这里可以在招募测试者会上详细说明，不过测试者一般是跟人物角色非常接近的人，或者换个说法，测试者一般是目标用户。

（4）我们要测试什么（what）？测试一些功能点，测试界面设计，测试流程设计，测试设计中有争议、有疑问的地方。

在想清楚上述问题之后，需要为可使用性测试做一些准备工作。包括：①招募测试者；②撰写测试模型；③设置测试环境。

3.2.2 招募测试者

招募测试者是可使用性测试最重要的环节之一。测试者是否合适直接关系到测试结果的好坏，测试结果直接关系到能否发现产品现有的问题。理想的测试者是我们的目标用户，所以可使用性测试要努力寻找到目标用户作为测试人员。寻找的途径如下：

（1）假如同事（非同部门）或者好友也是目标用户，可以选用同事或者好友作为测试人员。

（2）大型机构都会有自己的用户资料库，可以从这个库里面寻找到测试人员。

（3）委托第三方机构帮忙寻找测试人员也是允许的，不过效果可能不如自己寻找的。

（4）现在的应用一般都会有自己的微博、微信、官网或者论坛，这些是非常好的寻找测试者的渠道。可以推送招募测试者的公告，让用户填写一份调查之后，再筛选得到我们想要的测试者。公告中要注明奖励，一般为小礼品的奖励，保证对测试者有一定的吸引力，同时又不至于让他们会为了这个礼物对个人信息造假。对于测试者，需要进行筛选。首先需要用户填写必要的个人信息：比如姓名、电话（邮箱）、空闲时间；然后根据调查选择其他一些个人信息：性别、年龄、职业；最后留几道问卷题目进行筛选。

筛选的维度主要有：

（1）平台。如果测试的产品与平台有关，比如是 Android 或者 iOS，需要在这里进行筛选。

（2）对产品的熟悉程度。比如我们想找一些初级用户和一些高级用户，可以选用“使用时间”这一项来衡量用户对产品的熟悉程度。

3.2.3　撰写测试任务

测试模型的好坏直接关系到结果的好坏。在撰写测试任务之前，需要先确定一些结果分析的维度。一般的维度有：① 任务完成度；② 致命错误；③ 非致命错误；④ 完成任务的时间；⑤ 主观情绪；⑥ 偏好和建议。

由于分析的维度会关系到任务的问题，所以在确定分析维度之后，可以对功能点进行任务分析。把所有需要测试的功能点列出来，对每个功能点进行任务设计。对于任务而言，用户最主观的感受就是界面和流程。所以测试模型又可以从这两个维度去细分。

需要注意的是，可使用性测试中，提问只是其中的一部分，观察是另外一项重要的内容，所以测试模型不仅仅要有问的问题，还需要撰写工作人员观察的注意点。同时可以在撰写完测试脚本的同时，把总结大纲也写出来，方便后期总结的时候统一展示。另外，在设计的时候有疑惑的点，或者有争议的点，在可使用性测试中也能得到较好的验证。

3.2.4 设置测试环境

测试环境是指测试的时候需要使用的记录设备，通过把测试过程记录下来可以更好地分析用户的行为，特别是用户自己都没有觉察出来的一些东西。

记录测试过程，最基本的要求就是录音。录音一方面是在整理访谈记录的时候可以帮助设计师回忆访问的场景，然后填补一些缺失的笔记；另一方面，录音也可以作为一种存档的材料。同时，录音具有简单、易操作、隐蔽性等特点，使用录音笔或者智能手机即可完成录音。所以推荐可使用性测试的时候至少要录音。录音之外就是录像，如果有录像的话，录音的步骤就可以省略。录像主要是记录用户的表情和动作。有时候，用户的表情和动作可以传达很多东西，通过把这些信息记录下来，设计师偶尔可以挖掘到一些闪光的设计点。除此之外，用户的屏幕记录也是一种方式，通过用户的屏幕、加上用户操作的动作、表情，可以真实还原用户的使用场景，方便后期的分析。

录像和录屏的操作比较难进行，主要使用的设备可以参考如下：

（1）摄像机：记录动作和部分表情；

（2）眼动仪：可以追踪眼球的焦点轨迹，不适合移动端；

（3）鼠标轨迹记录：记录鼠标轨迹，只适用于 PC 端；

（4）QuickTime（iOS）：仅记录屏幕；

（5）Mobizen（Android）：记录屏幕、手势；

（6）Display Recorder（iOS）：记录手势、声音；

（7）SCR（Android）：记录屏幕、手势、表情、声音；

（8）Magitest（iOS）：记录屏幕、手势、表情、声音；

（9）Mobizen +AirDroid（Android）：现场观察并记录手势、表情、声音。

3.2.5　预测试

预测试是正式实施可使用性测试前的一次模拟，模拟有助于发现问题，这时候邀请朋友或同事即可。把正式测试的流程走一遍，包括设备的调试、访谈切入、问题的提问、记录者的记录等，然后把记录的录音、视频等放出来看看效果如何，效果不如意的时候再进行调整。预测试可以帮助发现以下四个方面的问题：设备的问题，例如，录音设备放置的位置是否会影响录音的效果；测试任务的问题，测试问题是否足够清晰；访谈的切入以及问题的提问；记录者的记录。发现问题之后去解决问题，才能确保正式测试的时候达到更好的效果。

3.2.6　正式测试

测试前接待。测试前的接待工作是测试人员对公司的第一印象，给测试人员留下一个好印象、一个好心情有利于可使用性测试的进行。

（1）可以事先确认一下用户的行程。遇到刮风、下雨、下雪等恶劣天气的时候可以事先送上问候短信。

（2）遇上用户迟到的情况，也要保持克制。在迟到 5 分钟到 10 分钟之后再给用户电话询问情况，如果用户因故取消测试，也要保持友好的态度。在接到用户之后，送上一杯温水或者温热的饮料，然后让用户等待一下。最后可以有专门的人员先和用户聊聊天。

（3）暖场介绍，正式开始之前有个暖场介绍。首先，主持人做一下自我介绍；然后，介绍测试的目的和时间，需要向用户强调测试的对象是系统，希望用户可以畅所欲言。如果有录音或者录像，需要向用户告知会有此类行为，但是结果完全保密；最后，还需要签署保密协议。

（4）正式提问。正式提问分两个部分：个人信息的小问题和可使用性测试任务问题。小问题主要是为了让用户有个适应的过程，可以迅速进入状态。一般可以询问产品使用习惯、产品偏好、上网情况等，之后的测试问题就是主要的可使用性测试的问题。这里需要把问题放入到场景中，让用户在场景中去完成任务。或者可以询问用户的使用习惯，然后引导到脚本中的问题。需要注意的是，不一定要按照脚本的顺序提问，可以随机应变，所以主持人要非常熟悉脚本的内容。除了询问、聆听之外，主持人还要观察用户的神情以及动作，遇到用户有疑问的表情的时候可以适当穿插新的问题，但是尽量不要提供帮助，也不要指出用户的错误或指责动作太慢，但是可以询问用户“为什么这么操作”，必要的时候可以选择停止任务。

（5）测试过程中还需要有一个记录人员，记录人员需要记录：用户做了什么动作和步骤（重点）、用户说了什么、写下自己的疑问（适当时候可以进行提问或者让主持人提问）。

（6）结束并感谢。测试结束之后，主持人可以问一下用户的想法，同时让记录人员补充提问，所有问题结束之后，需要对用户表示感谢。送上礼品并接收用户的一些交通费报销票据等。

3.2.7　测试结果统计分析

测试结束之后，应该尽快对测试过程及结果进行整理，因为时间越短，整理出来的内容就越丰富。必要的时候，可以用录音或者录像来辅助。在撰写测试脚本的时候还有一份总结大纲，根据大纲来整理内容。大纲要具备灵活性，可以记录一下测试现场发现的新问题。每个测试结束都会有一份整理的资料，需要汇总多份可使用性测试总结，最终出具一份可使用性测试结果，根据这份结果进行相应的改进工作。

可以从如下六个维度去分析可使用性测试：

（1）任务完成度。每个测试任务都对应一个目标，只有当用户达到目标之后，我们才认为他们完成了任务。对于每个任务，用户完成的情况如何？有多少用户最终没能完成任务？多少用户需要在主持人提示下完成任务？多少人可以自行完成任务？

（2）致命错误。严重错误指那些阻碍用户完成任务的错误，这些错误非常重要，每一个都要得到足够的重视。

（3）非致命错误。非致命错误是指用户能完成任务，但是某些地方会有一些阻滞，会停顿或者思考的错误。这些错误相对来说没那么重要，不过如果发生的次数较多，该类错误也需要得到重视。

（4）完成任务的时间。每个任务完成需要多少时间，决定了交互设计流程和界面的设计是否足够友好。

（5）主观情绪。用户对于任务的主观感受，比如是否足够简单，是否容易找到信息，可以让用户衡量一下。

（6）偏好和建议。可以让用户说出产品中哪些地方很喜欢？哪些地方不喜欢？或者让他们提一下建议。

3.3 可使用性评价的相关理论

3.3.1 认知功效学

用户获取、利用 UGC 的活动本质上就是用户通过大脑认知信息的过程。因此，除了对 UGC 本身的可使用性研究以外，更要强调用户本身对 UGC 认知的研究。因此，本研究引入工效学、认知心理学和计算机科学这三个学科交叉领域——认知工效学的相关理论。认知工效学最早由 Sime 和 White 在 1971 年提出，主要研究人与系统交互时的认知过程，如感觉、记忆、推理以及运动反映等，学对提高用户对系统快速有效的感知有着很重要的影响，认知工效学视角下的“人机和谐”主要体现在三个方面，分别是思维工效、视觉工效以及操作工效。其中思维工效主要指用户获取的信息对其思维的影响，如联想、共鸣等；视觉工效主要是指用户感受到的避免疲劳等以便引起注意和记忆的视觉因素；操作工效主要来促进用户的交互操作效率，实现高效的操作和使用。

3.3.2　以用户为中心的设计

以用户为中心的设计（User-Centered Design，UCD），简单地说，就是在进行产品设计时从用户的需求和用户的感受出发，以用户为中心设计产品，而不是让用户去适应产品。Jokela 和 Iivari（2003）认为以用户为中心的设计和评估最基本思想就是时时刻刻将用户摆在所有过程（从产品生命周期的最初阶段到设计开发阶段以及后期评估、反复设计阶段）的首位❶。以真实用户和用户目标作为产品开发的驱动力，而不仅仅是以技术为驱动力。因此，无论产品的使用流程、产品的信息架构、人机交互方式等，都需要考虑用户的使用习惯、预期的交互方式、视觉感受等方面。以用户为中心的设计强调在整个产品开发过程中要紧紧围绕用户这个出发点，让用户积极参与，及时获得用户的反馈并据此反复改进设计，最终满足用户的需求。

古德和刘易斯等人提出了以用户为中心的原则：① 较早从用户出发进行分析；② 多种设计同时进行；③ 不断进行测试以发现存在的问题；④ 针对问题进行反复设计。通过对这些原则的解读，以用户为中心的设计基本可以分为分析、设计和评估三个步骤。三个部分紧密相联，从第一步骤到最后一个步骤都需要有用户的参与。

❶ JOKELA T，IIVARI N，2003. The standard of user-centered design and the standard definition of usability：analyzing ISO 13407 against ISO 9241-11 [J]. Latin American Conference on Human-computer interaction：53-60.

3.4 小结

本章对移动 UGC 可使用性评价的内容及方法特别是可对可使用性测试的方法、步骤具体操作等问题进行了描述，并且对其涉及的两个理论即认知工效学以及以用户为中心的设计予以阐述，并分析了上述理论与本研究的内在联系和对本研究具有的指导意义。

第4章　移动用户生成内容可使用性评价指标来源

4.1　移动用户生成内容的可使用性评价维度

关于可使用性的指标研究，目前学术界普遍认同并采纳的是由著名可使用性工程学家 Jakob Nielsen 在其《可使用性工程》一书中所提出的可使用性定义的 5 个维度，如图 4.1 所示。

Nielsen 认为可使用性不是单一维度的，是由多个维度共同组成，一个产品只有在每个维度上都达到需要的标准才能称之其有高的可使用性。Nielsen 提出的五维度模型奠定了可使用性评价的理论基础，是评估者使用最广泛的可使用性评价模型，因此本研究将这个模型作为移动用户生成内容评价模型建立的基础。

Nielsen 之后，不同的学者从自身研究的实际出发，又陆续对可使用性进行解读，提出了自己的评价指标，如表 4.1 所示。

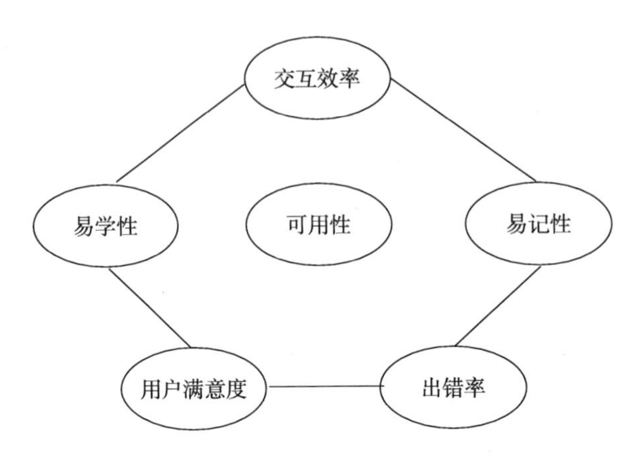

图 4.1 Nielsen 的五维度可使用性模型

表 4.1 不同学者提出的可使用性评价指标

年代	提出者	可使用性评估指标
1998 年	ISO 9241-210	有效性、效率、满意度
2013 年	Harrison 等人	效率、满意度、可学习性、记忆性、低错误性、认知负荷
2008 年	Tulli 和 Albert	任务完成度、完成任务的时间、纠错率、效率、可学习性
2015 年	Microsoft	易学性、效率、发现纠错
2005 年	Jfeng J	有效性、效率、满意度（总体满意度、易用、信息组织、术语易理解、标记、可视化界面、内容、容错）易学性
2012 年	Toteja 等人	有效性、成本效率、易用性、易于操作、检索速度
2011 年	Hashim 等人	前后一致性、可学习性、灵活性、最小动作量、最小记忆负荷
2010 年	Sahilu 等人	可学习性、可记忆性、简洁性、满意度

上述这些维度的评价对象包括 IT 产品、网站、服务系统等，主要关注的是产品或系统的可理解、可操作和对用户主观吸引力等方面的属性。以 Nielsen 的指标为基础，结合表 4.1 其他学者给出的指标，本研究认为，有效性、效率、

满意度是可使用性中的核心评价维度。有效性可理解为用户使用特定产品，达到特定目标的正确与完整程度；效率可理解为完成特定任务所花费的时间、出错的频率及单位时间的工作量等；主观满意度可理解为用户对特定产品的主观满意程度和接受程度。

本研究面向移动 UGC 的可使用性评价。移动 UGC 本质上是一种网络信息资源，不同于网站、系统以及产品等传统意义上的可使用性评价对象。因此，移动 UGC 在其可使用性上的有效性、效率、满意度这三个维度与一般意义上的可使用性维度的理解并不完全吻合。本研究对有效性、效率、主观满意度这三个可使用性维度进行重新理解，赋予其适用于移动 UGC 特点的含义，具体见表 4.2。

表 4.2　移动用户生成内容可使用性评价维度的理解

可用性维度	相关解释
有效性	用户阅读到的内容能够精确、有效、全面地满足用户的需求
效率	用户在查找、阅读内容的过程中花费较少的时间及消耗较少的资源
主观满意度	内容令用户愉快，让用户在使用主观上得到满意

值得注意的是，效率这个维度涵盖了用户查找、阅读内容的全过程，涉及内容以及平台两个方面，将其视为一个维度可能会造成指标的遗漏。为了构建系统、全面、合理的指标体系，本研究从内容本身、视觉呈现效果以及平台这三个角度将效率维度分解为内容的易用性、页面的设计性以及平台的功能性。

综上所述，移动 UGC 的可使用性的核心维度为：有效性、易用性、页面设计、功能性以及主观满意度。

4.2 相关平台可使用性测试

4.2.1 测试的总体设计

可使用性测试是指研究人员预先设计好实验任务，邀请用户现场操作产品，研究人员在旁观察记录的一种可使用性研究方法。可使用性测试可以采用两种方法，一种是在可控的环境中测试，这样可以增加测试的稳定性；另外一种是在非实验室环境内，利用偶遇的形式寻找产品的真实用户进行测试。这种方式虽然增加了测试的真实性，但是却容易产生较多的实验误差。因此，本研究对典型平台的可使用性测试主要采用观察法及访谈法。本研究选择在室内可控的环境下进行测试，以避免测试者受到其他的干扰，增加评价的稳定性。

测试步骤根据 Joseph S. Dumas 撰写的《可使用性测试——交互理论与实践》中的描述进行设置[1]，分别是：

（1）问候受试者；

（2）向受试者解释他们所拥有的权利，并签署知情同意书；

（3）解释测试是如何进行的；

（4）指导受试者完成一组精心挑选的测试任务，并要求做有声思维；

（5）用一种或多种方式记录数据；

（6）要求受试者进行访谈，总结他们的经历。

[1] 杜玛斯，2016. 可用性测试：交互理论与实践：第 1 版 [M]. 姜国华，王春慧，许玉林，等译 . 北京：国防工业出版社：28.

4.2.2　测试对象的选取

本次实验选取第 2 章中分析的相关平台——知乎网移动客户端、大众点评移动客户端、小红书移动客户端作为测试对象。

4.2.3　测试任务及测试用户的确定

1. 确定测试用户

进行可使用性测试，最重要的就是要清楚使用该产品的实际用户。上述三个平台的受众大都定位于年轻人，因此在选取测试目标群时要充分考虑到与其平台的定位相吻合。本研究选取高校大学生作为测试目标受众，原因是：①高校大学生群体特征明显，用户样本获取较为便利、时间充裕，参与意识较好；②有一定的学历背景和较好的综合素养；③对移动互联网感兴趣且经常使用各类移动应用；④有较强的好奇心和探索性求知欲望强烈。

本研究选取 6 名在校大学生作为测试者，涵盖了专科、本科、硕士研究生、博士研究生。测试人员具体情况见表 4.3。

表 4.3　测试人员情况表

测试人员编码	年龄	性别	学历	使用手机上网年限
P1	32	男	硕士研究生	12
P2	26	女	硕士研究生	10
P3	22	男	本科	9
P4	27	男	硕士研究生	10
P5	25	女	博士研究生	11
P6	21	女	专科	8

2. 设定测试任务及步骤

本次测试分别进行知乎网客户端、大众点评客户端、小红书客户端三个测试任务，每个任务分别有获取内容、内容互动以及贡献内容三个步骤。具体步骤见表 4.4。在正式测试之前进行一次预测试，通过预测试情况和结果，对测试任务进行完善和修改，同时确定各个任务限定的时间范围。

表 4.4 测试详细步骤表

编码	步骤名称	步骤描述
B1	获取内容	随机浏览页面中的内容或就感兴趣的一个问题进行搜索，并在搜索结果中选择与之相匹配的内容进入，进行浏览
B2	内容互动	对于浏览的内容进行点赞、踩、评论操作，并向贡献该内容的用户发送消息（向用户发送消息限于知乎客户端、小红书客户端）
B3	贡献内容	针对自己感兴趣的问题进行提问（限于知乎客户端）；针对自己消费过的饭店进行点评（限于大众点评客户端）；针对自己比较喜欢的物品添加一个描述笔记（限于小红书客户端）

通过预测试的结果，将知乎网、大众点评、小红书每个任务限制时间设定为 5~10 分钟。

4.2.4 测试的过程

本研究选择在可控的环境下进行测试，选择在一个安静的办公室内进行。测试的具体步骤如下：

（1）请 6 名被试者来到测试场所，确保三个被测试的客户端安装在 6 名被试者的手机上，且手机电量充足。告知他们为即将进行的测试做好准备，经过简单的休息，让被试者的心情趋于平静。

（2）测试开始前，首先介绍本次实验，告知测试任务，并邀请其签署测试同意确认书。

（3）测试正式开始，要求每个被试者自由浏览客户端的主页面，执行如表 4.4 步骤，同时提醒他们在任务过程中的任何时候都可以大声说出自己的想法。等到一个任务的所有步骤都完成或时间结束后就再执行下一个任务。

（4）测试任务结束后，邀请测试者进行简短的访谈，访谈的目的是得出用户对这三个平台中的内容可使用性的感知，访谈提纲详见附录。

4.2.5　测试结果分析

1. 观察结果分析

在本次试验中，如表 4.5 所示，步骤的完成程度分为三个档次。6 名被试者各个任务的完成度见表 4.6。

表 4.5　步骤完成度描述

步骤完成度	描述
圆满完成	在规定的时间内，没有表现出疑问即完成相应步骤
基本完成	在规定的时间内，表现出疑问后依然完成相应步骤
没有完成	在规定的时间内，没有完成相应步骤

表 4.6 任务完成度

完成度	任务	步骤 1 获取内容	步骤 2 互动社交	步骤 3 发布内容
圆满完成	知乎	6 人	2 人	5 人
	大众点评	6 人	5 人	6 人
	小红书	6 人	3 人	3 人
基本完成	知乎	0 人	3 人	1 人
	大众点评	0 人	1 人	0 人
	小红书	0 人	2 人	1 人
没有完成	知乎	0 人	1 人	0 人
	大众点评	0 人	0 人	0 人
	小红书	0 人	1 人	2 人

从测试者完成步骤的情况看，第一项获取内容步骤的完成程度最好，这是由于这项任务要求用户从平台上浏览、查找信息，相对简单，在设计上有一定的优势。通过观察，测试者在搜索的主题上，往往都是与其最近生活息息相关的问题，测试者的个人经历对其查找过程和查找结果都有一定的影响，这些间接证实了用户的实际感知对移动 UGC 可使用性的评价有着重要的影响。

完成度排名第二的步骤是发布内容，该任务的目的是让测试者贡献内容。在知乎网的任务中，测试者输入提问问题后，系统会提示以往的相关问题，6 名用户中的 5 名都在其中找到了自己想要的问题，表明知乎网的内容已经积累到一定程度，且检索算法较的先进。大众点评任务中，用户对于该步骤完成度较好，这是因为其在用户点评页面设置了“亲，分享口味、环境、服务等体验，还可以用菜品标签评价菜品哦”的提示语，这样的提示语能够刺激用户的创作热情，且能够给用户创作内容予以参考。在小红书任务中，用户对于该步骤完成度较差。根据观察主要有两个原因：首先，小红书是一个用户兴趣分享形式的电子商务网站，因此添加笔记的时候需要添加商品的图片或视频才能添加文字；其次，小红书中绝大多数内容都是面向年轻女性，如美妆、穿搭等，因此男性测试者在添加内容的时候，往往无从下手。相比较而言，大众点评以及知乎网能在用户发布内容过程中给予提示，小红书则显得不是那么“友好”，用户在发布内容时，仅仅是面对一个单调的文本框，没有相应的提示语。

完成度排名第三的步骤是互动社交，圆满完成三个任务的测试者达十人次。该任务主要是让测试者对于浏览的内容进行点赞、踩、评论操作，并向贡献该内容的用户发送消息（限于知乎网、小红书）。通过观察，三个平台中的赞、踩、评论等操作十分便捷，功能按钮也十分醒目。在测试者执行向贡献该内容的用户发送消息这个步骤的过程中，出现两个问题：① 功能按钮不明显，6 名用户在完成知乎网任务时，全部向本研究询问“私信功能在哪里”，当测试者寻找不到该按钮时，有明显的情绪波动；② 私信功能与其他功能关联，在小红书中，只有关注用户后才能够向其私信。在测试后的访谈中得知，4 名测试者在使用平台时，并不愿意通过私信来与其他用户进行交流，更多的是希望采用评论、回答等的形式进行交流，而 2 名测试者则表示自己喜欢使用私信这种即时通信方式与其他用户进行交流。

2. 访谈结果分析

测试完成后，本研究对 6 名用户进行了访谈，访谈共有 7 个问题，访谈提纲见本书附录。

对访谈结果的整理步骤：① 将与研究无关以及回答不够明确的内容剔除；② 对保留的内容采用教育部语言文字应用研究所计算语言学研究室开发的“语料库在线”网站对访谈内容进行分词，并将虚词、无意义的词去掉进行词频统计；③ 对高频词相对应的访谈内容采用开放式编码进行重新组合，形成用户对移动 UGC 可使用性感知的基本体系。访谈内容归纳所形成的维度主要参考了前文总结出的移动用户生成内容可使用性维度。

（1）访谈内容的分词结果。

分词得到的结果显示，6 名受访者一共提供了 46 个词汇和短语，平均每名受访者提供 7.7 个，表 4.7 为受访者贡献频次大于 2 的词汇和短语，共 33 个。这些词汇占所有词汇的 72.3%。因此，这些词语可以代表用户对移动 UGC 可使用性的感知。

表 4.7　访谈内容高频词语统计表

序号	词	频次	序号	词	频次	序号	词	频次
1	标题党	6	12	新颖	3	23	专业	2
2	条理	6	13	表情包	3	24	尊重	2
3	小标题	6	14	逻辑	3	25	交流	2
4	流畅	5	15	和谐	3	26	回应	2
5	通俗	5	16	分类	3	27	布局	2
6	点赞	5	17	链接	3	28	成就	2
7	谣言	4	18	三观	2	29	字体	2
8	搜索	4	19	废话	2	30	检索	2
9	共鸣	4	20	谩骂	2	31	隐私	2
10	错误	3	21	专业	2	32	审核	2
11	广告	3	22	高兴	2	33	封杀	2

通过对实验数据的整理，频次在 3 次以上的词语共有 9 个，分别是标题党、条理、小标题、流畅、通俗、点赞、谣言、搜索、共鸣。从这些频次大于 3 次的词语中，我们可以看出，这些词语中标题党、条理、小标题、通俗、谣言，都是代表用户在使用内容时呈现的用户感知。其中，标题党是形容当下许多移动 UGC 制造者为获取用户的关注，刻意使用一些夺人眼球、题文不符的标题的现象，该词表明用户常常被标题吸引但却得到不想要的信息；条理则指的是用户倾向于获取能对问题进行清晰、有条理的描述的内容；小标题指的是在碎片化的环境下用户渴望快速获取内容中的重点，因此采用小标题、黑体字等突出重点的手段十分重要；通俗则指的是内容简单易懂，通俗之所以作为用户对 UGC 可使用性的感知，是由于当下网络用语的流行，这些用语年年不同，用户一天不去关注它，就会搞不懂其中的意思，导致一些用户不能够理解内容中蕴涵的含义；谣言这个词语则是代表用户对网络上泛滥的谣言的一种感知，在移动互联网环境下，谣言的传播途径以及传播范围都显著增加，用户渴望得到更权威的信息。

与此同时，用户对 UGC 可使用性感知的不仅仅是内容本身，平台的使用也影响着用户在获取移动 UGC 的感知。流畅、搜索这两个词语就是代表用户在使用平台获取内容时的感知。频次排名第 4 位的词语是流畅，这是指平台使用的流畅程度。由于现在平台越来越集成化，一个用户生成内容平台不仅有其核心内容的展示功能，同时也常常集成电子商务、广告等盈利板块，导致平台运行速度慢，或干扰用户的视线和操作严重影响用户的使用。搜索则是用户生成内容平台中的核心功能，有时也会出现搜索之后没有相应答案的情况。此外，站内搜索不完善、搜索内容少且会插入广告、检索入口难以找到等问题同样影响用户获取平台中的内容。

共鸣指用户基于自身的视角对移动 UGC 进行感知。UGC 的特点之一就是非专业作者在互联网上贡献的内容。不同于专业作者，UGC 贡献者往往会带有自己较强的主观倾向，如果用户在获取这些内容后，与自身的情感、价值观相契合，引起共鸣，那么用户更倾向于阅读这样的内容。

（2）访谈内容的分类编码。

本研究对表 4.7 中的词语进行释义，将包含词语的典型语句进行罗列，并结合词语所处句子中的语境，转换为较为标准的概念元素，通过与移动 UGC 可使用性的维度建立概念元素与维度间的隶属关系。同时，对一些无法归入上述五个核心维度的概念元素进行归纳整理，形成新的维度。具体见表 4.8。

表 4.8　访谈内容归类表

维度	词语	概念元素	语句列表
合规性	和谐	内容合法	违反相关法规政策;被和谐;被封禁;国家政策，比如:和谐
	三观	内容合理	三观不合；价值观有问题；谩骂
有效性	新颖	内容时效性	具有新闻性；内容新颖；信息时效性强
	错误	内容包含错误率	很明显的错别字；常识性错误
	链接	内容包含链接有效	附带链接打不开；链接打开后提示非安全网站
	标题党 / 广告	内容与主题相关	标题与内容不符；过时的标题党；讨厌标题党
易用性	逻辑	内容逻辑性	内容逻辑不清；内容重复没有逻辑
	废话	内容简洁	内容表述简洁，表达能力强；没用的废话太多
	通俗	内容易理解	容易看懂，比较通俗；不知所云；网络用语太多；内容专业性太强

续表

维度	词语	概念元素	语句列表
易用性	小标题	内容重点突出	能够分点论述；黑体字；小标题；分论点
	条理	内容层次丰富	对问题描述得清晰、有条理；比较有层次
	表情包	内容形式多样	喜欢用表情包来表示心情
标准化	专业	内容专业	缺少对一些专业术语的解释；更希望业内人士回答问题
	谣言	内容权威	更相信大 V 说的话；讨厌谣言
互动性	点赞	平台具有评价功能	着重对有实际生活体验的内容评论；对用户点赞；喜欢高赞同答案
	交流 / 回应	平台具有及时通信功能	想多和其他用户交流；没有人回应
页面设计	布局	页面布局合理	页面让人眼花缭乱；界面色彩过于丰富；栏目多，版面乱；布局有些拥挤
	字体	字体协调	字体较小，眼睛负担重；标题不够醒目；文字大小没有突出重点
功能性	搜索 / 检索	导航路径清晰	搜索之后没有相应答案；站内搜索不完善；搜索内容少且会插入广告；检索入口不好找
	隐私	平台具有隐私保护功能	害怕隐私外泄；不留个人痕迹
	流畅	平台使用流畅	平台使用起来比较顺畅；网速慢
	分类	平台具有内容管理功能	内容分类明确；栏目设置清晰；闲时看看能够快速找到自己感兴趣的内容；页面信息分类乱，没有主次
	审核 / 封杀	平台具有内容审核功能	标题党的内容平台都要封杀；希望平台能严格审核内容
主观情感	高兴 / 共鸣	愉悦感	看这个内容我非常高兴
	成就 / 共鸣	成就感	要是能与大 V 互动会感到非常有成就
	尊重 / 共鸣	被尊重感	帮人解答问题会受到别人的尊重

本研究将用户对移动 UGC 可使用性感知的概念元素进行归纳，初步形成了 8 个维度，在这 8 个维度中，有效性、易获取性、页面设计、功能性以及主观满意度这 5 个维度为前文归纳的核心维度。合规性、标准化以及互动性则是通过访谈提取出的新的核心维度，这 3 个维度充分体现出了移动 UGC 的可使用性与系统或产品可使用性的不同，学者对系统或产品的可使用性研究较少关注其包含的内容的可使用性。互动性则体现出一个好的交流环境能够刺激用户生成高质量内容的这一特性；合规性与标准化则是对于内容本身特性的一种描述。

以上 8 个维度中，互动性、功能性、页面设计都是用户在获取用户生成内容过程中对其可使用性体现出来的感知；而合规性、有效性、易用性、标准化以及主观情感则是用户在使用用户生成内容时对其可使用性体现出来的感知。

4.3 初设评价指标的选取

本研究将上文提取的用户对移动用户生成内容可使用性的感知维度作为一级指标，将其中包含的概念元素作为二级指标，为使构建的指标体系和逻辑性更为清晰，也更容易理解，本研究从用户获取内容、用户使用内容以及用户主观特性三个方面来建立评价指标。

4.3.1 用户获取内容方面的评价指标

用户获取移动 UGC 的行为主要依托于平台的功能，如果平台的建设不能够使用户贡献和获取内容的行为顺利地进行，那么移动 UGC 的可使用性也就无从谈起。因此，根据前文归纳的维度并结合可使用性评价理念，提出内容获取方面的可使用性评价指标，形成互动性、页面设计、功能性 3 个一级指标 9 个二级评价指标。具体见表 4.9。

表 4.9　用户获取内容方面的评价指标

一级指标	二级指标	内容概要
互动性	平台具有评价功能	用户在阅读平台中的内容时能够对其进行评价
	平台具有及时通信功能	用户在阅读平台中的内容时能够及时与他人进行互动
页面设计	页面布局合理性	平台的页面布局合理
	字体协调性	平台字体设计与用户阅读习惯相协调
功能性	检索路径清晰	平台导航功能简单，路径清晰
	平台具有隐私保护功能	在使用平台的过程中不会发生隐私泄露风险，具有隐私保护机制
	平台使用流畅性	平台的响应速度迅速
	平台具有内容管理功能	平台能够对其内容进行良好的组织、分类以及管理
	平台具有内容审核功能	平台能够快速做到对优秀的内容加以推广并且对不良内容进行删除

4.3.2　用户使用内容方面的评价指标

用户使用内容方面的感知是提高移动 UGC 内容可使用性的关键。根据前文访谈数据的处理并结合不同学者给出的可使用性评价指标，确定为 5 个一级指标，分别是合规性、有效性、易用性、标准化、主观情感。这 5 个一级指标包含了 17 个二级指标，具体描述见表 4.10。

表 4.10 用户使用内容方面的评价指标

一级指标	二级指标	内容概要
合规性	内容合法性	内容不包含违法国家相关法律的内容、内容不侵害他人合法权益
	内容合理性	内容不违背公序良俗
有效性	内容时效性	是否能及时反映当时主流趋势的能力
	内容包含错误率	内容不包含或包含较少的错误
	内容包含链接有效性	内容中的链接有效
	内容与主题相关性	平台中的内容与其主题或标题相关
易用性	内容逻辑性	内容前后关联一致，逻辑性强
	内容简洁性	内容表述简洁，不应该或很少包含不相关的信息
	内容易理解性	用户可以在较短时间内学会使用内容提供的信息
	内容重点突出性	内容能够采用分点论述、黑体字、加错字、小标题、分论点等形式
	内容层次丰富性	内容能从不同的角度对问题进行阐述
	内容形式多样性	内容中使用表情包等多种方式呈现
标准化	内容专业性	内容中包含专业词汇，通常内容发布者为相关领域内专业人士
	内容权威性	内容真实、可信，通常由认证作者、机构发布
主观情感	被尊重感	用户在阅读平台中的内容时能够产生被人尊敬的感觉
	愉悦感	用户在使用用户生成内容的过程中产生轻松、愉快的感觉
	成就感	用户在阅读平台中的内容时能够产生成就感

4.3.3 用户特征方面的评价指标

首先，用户生成内容的产生和利用都与用户直接相关，用户自身的背景特性对于其贡献内容的质量有着重要的作用；其次，以用户为中心的可使用性评价理念，以及 ISO 在可使用性评价中提出的满意度指标都在强调满足用户满意度的重要性，所以在构建移动 UGC 可使用性评价指标的时候，要对反映用户个人的信息能力和信息意识以及背景有所体现，这样才能更好地反映用户的体验和感知，满足用户的需求，提升用户的满意度，这样的评价指标才能做到更加全面，更有说服力；最后，已有学者基于用户体验所构建的信息质量综合评价体系中同样设立了用户特征这一指标[1]，这也表明用户特征这一指标对于评价移动 UGC 可使用性的重要性。

因此，本研究从用户特征的角度出发，生成用户特征这个一级指标下具体的评价指标，具体见表 4.11。

表 4.11　用户特征方面的评价指标

一级指标	二级指标	内容概要
用户特征	信息素养	用户个人了解、搜集、评估和利用信息的知识结构
	用户知识背景	用户的工作背景及所受的教育背景
	用户习惯	用户在获取信息时形成的习惯性操作
	用户偏好	用户在获取信息时所做出的理性的、具有倾向性的选择

4.3.4　三个方面评价指标间的关系

本研究拟定的三个方面的评价指标之间具有如下的特点：① 用户使用 UGC 方面的评价指标在整个评价指标体系中占据核心以及基础的地位，是直接决定

[1] 刘冰，卢爽，2011. 基于用户体验的信息质量综合评价体系研究 [J]. 图书情报工作，55（22）：54-60.

UGC 可使用性的评价指标；② 用户获取 UGC 方面的评价指标主要是来描述用户使用平台功能获取 UGC 的指标，是衡量用户与平台互动是否良好的因素以及平台整体吸引用户的程度，一个功能简便、安全高效的平台是用户使用 UGC 的良好开端；③ 用户特征方面的评价指标主要反映用户个人的信息能力、信息意识以及背景，在用户生成内容与这些用户特征相匹配的基础上，才能更好地满足用户的内容需求。

上述评价指标是在结合其他学者给出的指标，以及从可使用性测试以及客观的访谈过程中获取的。由于在对访谈内容的归纳过程中存在人为的主观性，因此下文将对该指标进行实证研究，以验证其客观程度。

4.4 小结

本章首先对传统意义上的可使用性评价维度进行归纳，形成了适用于移动 UGC 的可使用性评价维度；其次，对知乎网移动客户端、大众点评客户端、小红书客户端进行可使用性测试，并对参与测试的受访者进行访谈，利用测试及访谈结果完善、补充现有的可使用性维度，并从用户使用移动 UGC 的实际体验出发，选取移动 UGC 可使用性评价初设指标。

第 5 章　移动 UGC 可使用性评价指标验证性研究

5.1　移动 UGC 可使用性评价指标探索性分析

5.1.1　研究方法与研究设计

本小节利用探索性因子分析方法对评价体系模型的各项指标进行信度、效度和因子分析，检验评价体系模型并对其进行修正，为最终评价体系的普遍适用性提供依据。

5.1.2　调研的方法与过程

1. 调研的方法

如果研究的目的不是推导总体状况，而是检验理论中的变量关系，那么不一定要获得具有代表性的样本，本研究的主要目的在于反映用户对移动 UGC 可使用性真实的体验，所以，采用时下比较便利的“问卷星”网络问卷调查方式。网络问卷调查能够保证所调研的对象都是利用网络的信息用户，这样更能全面反映用户对当前 UGC 的要求，有利于得到更具客观性的结论。

2. 调研的实施及监督

根据前文提出的评价指标模型，设计完成调查问卷。Earl Babbie 认为容量少于 100 的样本，所产生的结果不够科学，使得探索性因子分析的信度与效度降低，并建议样本最少应大于 100❶。因此，将样本规模确定为 120 个。本研究利用专业的在线问卷调查平台“问卷星”来完成问卷的发放与回收。本次调查采用方便抽样、判断抽样与目标式抽样相结合的方法发放问卷。调查问卷共设 32 个问题，为了方便调查对象对观测变量的理解，问卷采用简单易懂的李克特量表，其中 1——非常不重要；2——不重要；3——一般；4——重要；5——非常重要。要求用户根据在与平台交互与获取内容过程中的个人体验与感知（一定要根据体验与感知的主观判断）对问卷中的指标在用户生成内容可使用性评价上的重要程度作出判断。

5.1.3　调研的结果分析

1. 用户基本特征分析

问卷调查共回收有效问卷 120 份，数量基本能够反映用户的要求，为进一

❶ 艾尔比尔，2010. 社会研究方法基础：第 4 版 [M]. 邱泽奇，译 . 北京：华夏出版社：117.

步的数据分析提供了基础。调查样本大部分集中在河北、北京、天津等京津冀地区，样本分布比较平均，基本符合抽样的特点，达到了调查的预期目标。表 5.1 为有效的样本结构。

表 5.1　有效的样本结构表

统计指标	样本数量的特征分布
性别	男性 55 个（45.83%）；女性 65 个（54.17%）
学历	高中及以下 9 个（7.5%）；大专 13 个（10.83%）；大学本科 50 个（41.67%）；硕士及以上 46 个（38.33%）；其他 2 个（1.67%）
年龄	20 岁以下 12 个（10%）；21~30 岁 74 个（61.7%）；31~40 岁 22 个（18.3%）；41~50 岁 8 个（6.7%）；50 岁以上 4 个（3.3%）
职业	在校学生 34 个（28.33%）；企业 / 公司职员 46 个（38.33%）；党政机关公务员 6 个（5%）；事业单位 8 个（6.67%）；其他 26 个（21.67%）
使用手机上网年限	1~3 年 18 人（14.29%）；4~6 年 46 人（38.57%）；7~9 年 34 人（28.57%）；10 年以上 22 人（18.57%）
常用平台	知乎网 45 个（37.5%）；新浪微博 86 个（71.67%）；大众点评 14 个（11.67%）；百度贴吧 37 个（30.83%）；天涯论坛 1 个（0.83%）；今日头条 37 个（30.83%）；腾讯新闻 47 个（39.17%）；携程旅行 16 个（13.33%）；其他 12 个（10%）
有效样本数量	120 份

从上表中可以看出，样本总体偏年轻化，使用手机上网年限较长且大部分为受高等教育的人群，对移动 UGC 可使用性敏感度较高；大多数样本对典型的用户生成内容平台较为熟悉；样本所在的领域呈多样化分布，有效避免了样本职业背景的单一性；这些特性都有利于得出具有代表性的结论。

2. 数据描述与质量分析

（1）数据统计描述。

数据描述主要是对测量题项的量表中各个基本统计量进行展示和描述从而初步判断数据的分布情况，主要的基本统计量包括均值、标准差、偏度和峰度等。通过描述统计量表 5.2 可以发现大部分的题项的偏度绝对值小于 3，而且峰度也小于 10，据此可以判断出大部分题项的得分值基本服从正态分布[1]，能够进行下一步的分析。

表 5.2　数据描述统计量

题项	*N*	均值	标准差	偏度		峰度	
	统计量	统计量	统计量	统计量	标准误	统计量	标准误
a7	120	4.65	0.876	–2.988	0.221	8.936	0.438
a8	120	4.59	0.728	–2.123	0.221	5.388	0.438
a9	120	4.46	0.849	–1.71	0.221	2.741	0.438
a10	120	4.21	0.952	–1.144	0.221	0.94	0.438
a11	120	4.53	0.697	–1.33	0.221	0.965	0.438
a12	120	4.21	0.925	–1.012	0.221	0.43	0.438
a13	120	4.01	0.974	–0.793	0.221	0.176	0.438
a14	120	4.19	0.946	–1.181	0.221	1.121	0.438
a15	120	4.37	0.859	–1.435	0.221	1.904	0.438
a16	120	4.41	0.783	–1.398	0.221	2.302	0.438
a17	120	4.4	0.782	–1.269	0.221	1.19	0.438
a18	120	4.28	0.812	–0.853	0.221	–0.103	0.438

[1] 陈正昌，2005. 多变量分析方法 [M]. 北京：中国税务出版社：223-224.

续表

题项	N	均值	标准差	偏度		峰度	
	统计量	统计量	统计量	统计量	标准误	统计量	标准误
a19	120	3.96	0.956	–0.737	0.221	0.215	0.438
a20	120	4.32	0.78	–0.751	0.221	–0.59	0.438
a21	120	4.32	0.97	–1.519	0.221	2.043	0.438
a22	120	4.54	0.709	–1.949	0.221	5.304	0.438
a23	120	4.63	0.673	–2.268	0.221	6.836	0.438
a24	120	4.67	0.624	–2.594	0.221	9.781	0.438
a25	120	4.39	0.873	–1.321	0.221	0.821	0.438
a26	120	4.51	0.722	–1.802	0.221	4.547	0.438
a27	120	4.48	0.71	–1.302	0.221	1.335	0.438
a28	120	4.51	0.722	–1.393	0.221	1.401	0.438
a29	120	4.43	0.807	–1.147	0.221	0.148	0.438
a30	120	4.44	0.765	–1.176	0.221	0.533	0.438
a31	120	4.48	0.686	–0.972	0.221	–0.282	0.438
a32	120	4.56	0.658	–1.386	0.221	1.449	0.438
a33	120	4.78	0.553	–3.7	0.221	18.887	0.438
a34	120	4.12	0.992	–0.885	0.221	–0.098	0.438
a35	120	4.49	0.674	–1.144	0.221	0.792	0.438
a36	120	4.05	1.011	–0.895	0.221	0.352	0.438

（2）数据质量分析。

数据质量分析主要通过信度检验和具体的项目分析来确定最终的题项及其对应的公共因子。首先，要通过信效度分析来明确所用量表是否适合进行因子分析；其次，在题项分析中借助相应的项目分析指标对具体题项进行筛选。

① 信度检验。其主要目的是为了明确题项总体的测量是否可信。本研究主要借助克隆巴赫系数 α 对整个量表中的题项做信度检验。在李克特量表中常用的信度检验方法为克隆巴赫系数 α。在已有研究中，多数研究人员一般会将信度系数 α 的基本标准定为 0.5 以上，在 0.9 以上的则会被认为量表达到了很高的信度。如表 5.3 所示，本研究中的 30 个题项的克隆巴赫系数 α 为 0.941，表示这 30 个题项的内部一致性较好，信度较为理想，测量误差值较小，适合进行探索性因子研究。

表 5.3　信度检验系数

Reliability Statistics	
Cronbach's Alpha	*N* of Items
0.941	30

② 项目筛选。项目筛选主要通过各个修正题项与总分的相关系数、逐项删除后的信度系数、因子负荷量等项目分析指标来进行。

其中，修正题项与总分相关系数（corrected item-total correlation）所表示的是该题项与其余 29 个题项加总后的积差相关，表示该题项与其他题项的同质性或者相关的程度，其值越高则表示该题项与其他题项的同质性或者相关度越高，一般情况下，修正项目的总相关系数应该在 0.4 以上，否则要考虑删除该题项。题项删除后的信度系数（cronbach's alpha if item delet）表示的是该题项删除后，整个量表的 α 系数改变的情况。若是同一份量表中各题项所测量的行为特征越接近，则其 α 值越大；与之相反，若是所测量的行为特征差异越大，则其 α 系数会越小。因此若删除题顶后新的值高于原有的 α 系数，则说明该题项与其余题项所要测量的特征可能存在的差别较大，可以考虑删除。

因子负荷量主要表示题项与因子关系的密切程度，题项在共同因子的因子负荷量越高，表示题项与共同因子的关系越密切，相对的题项在共同因子中的因子负荷量越低，表示题项与共同因子的关系越不密切。若因子负荷量小于0.40，则考虑删除该题项。综合以上标准，对移动 UGC 可使用性评价指标的量表的题项分析和筛选结果如表 5.4 所示。

表 5.4　移动 UGC 可使用性评价指标量表项目分析与信度分析摘要

题项	指标	修正题项与总分相关系数	题项删除后的 α 值	因子负荷量	备注
判断标准		≥0.400	≤0.941	≥0.400	
a7	内容合法性	0.518	0.94	0.612	
a8	内容合理性	0.523	0.94	0.474	
a9	内容时效性	0.709	0.938	0.768	
a10	内容包含错误率	0.457	0.941	0.37	删除
a11	内容包含链接有效性	0.624	0.939	0.659	
a12	内容与主题相关性	0.499	0.941	0.717	
a13	内容逻辑性	0.62	0.939	0.694	
a14	内容简洁性	0.23	0.943	0.777	删除
a15	内容易理解性	0.651	0.939	0.56	
a16	内容重点突出性	0.634	0.939	0.751	
a17	内容层次丰富性	0.369	0.942	0.616	删除
a18	内容形式多样性	0.5	0.94	0.47	
a19	内容专业性	0.469	0.941	0.645	
a20	内容权威性	0.69	0.938	0.671	
a21	平台具有评价功能	0.542	0.94	0.522	
a22	平台具有及时通信功能	0.617	0.939	0.751	

续表

题项	指标	修正题项与总分相关系数	题项删除后的 α 值	因子负荷量	备注
a23	页面布局合理性	0.67	0.939	0.763	
a24	字体协调	0.676	0.939	0.693	
a25	检索路径清晰	0.696	0.938	0.684	
a26	平台具有隐私保护功能	0.741	0.938	0.779	
a27	平台使用流畅性	0.736	0.938	0.714	
a28	平台具有内容管理功能	0.718	0.938	0.653	
a29	平台具有内容审核功能	0.68	0.938	0.569	
a30	被尊重感	0.373	0.942	0.556	删除
a31	愉悦感	0.703	0.938	0.67	
a32	成就感	0.65	0.939	0.542	
a33	信息素养	0.539	0.94	0.68	
a34	背景知识	0.587	0.94	0.678	
a35	用户习惯	0.702	0.939	0.713	
a36	用户偏好	0.51	0.941	0.652	

如表 5.4 所示，从修正题项与总分相关系数和因子负荷量可以看出 a14、a17、a30 都不符合条件，从题项删除后的信度系数高于原有的 α 系数表明，3 个题项与其他题项的差异性较大，内部一致性不好，因此可以考虑删除。从因子负荷量来看，a10 可以考虑删除。根据初始移动 UGC 可使用性指标量表项目分析与信度分析摘要，剩下的量表题项均可以纳入因子分析变量范围内。

本研究具有较强的探索性，目前尚未有学者通过探索性因子分析专门探索移动 UGC 可使用性的评价指标。在设置问卷的选项时主要是依靠主观访谈以及文献查阅的结果进行设计。在设计问卷时，为了避免主观地遗弃重要的指标，因此列出的题项尽可能详尽，包括要研究问题的各个方面。但是会造成初次因子分析结果存在一些题项无法通过检验的情况。在进行多次调整后达到了较为理想的效果，之后对筛选调整后的问卷再次进行探索性因子分析。

3. 探索性因子分析结果分析

对筛选后的题项，采用因子分析中的建构效度相应指标适切性量数（KMO）来检验所设置的题项间是否适合进行因子分析。KMO 值越接近 1，表明变量间的共同因素越多。根据已有研究对 KMO 的相关讨论，可以发现一般情况下，如果 KMO 值小于 0.5 则不适宜进行因子分析，当达到 0.6 以上时基本符合因子分析的条件，如果大于 0.8 时则表示较适宜进行因子分析。本研究具体检验结果如表 5.5 所示，KMO 为 0.893，指标统计量大于 0.8，变量间具有较为良好的共同性，因此比较适合进行下一步的因子分析。

表 5.5　效度检验相关系数（KMO and Bartlett's Test）

Kaiser-Meyer-Olkin Measure of Sampling Adequacy.		0.893
Bartlett's Test of	Approx. Chi-Square	2191.883
Sphericity	df	435
	Sig.	0.000

本研究采用探索性因子分析中的主成分方法和最大方差法来进行分析，并根据特征值 >1 的标准，对因子个数选择方面进行判断，得到如表 5.6 所示

的探索性因子分析结果。由表 5.6 可以看出，经过探索性因子分析共得到 7 个特征值大于 1 的因子，它们的累计贡献率达到了 70.471%，说明这 7 个公共因子中所代表的评价指标能够较好地覆盖和反映移动 UGC 可使用性的多数评价指标。

表 5.6　因子累积贡献率

序号	初始值			提取平方和载入			旋转平方和载入		
	总计	方差贡献率	累积方差贡献率	总计	方差贡献率	累积方差贡献率	总计	方差贡献率	累积方差贡献率
1	8.738	33.609	33.609	8.738	33.609	33.609	3.897	14.987	14.987
2	2.548	9.802	43.411	2.548	9.802	43.411	3.506	13.483	28.470
3	1.808	6.952	50.363	1.808	6.952	50.363	3.320	12.768	41.238
4	1.540	5.924	56.287	1.540	5.924	56.287	2.391	9.196	50.434
5	1.347	5.180	61.467	1.347	5.180	61.467	1.849	7.110	57.544
6	1.224	4.707	66.174	1.224	4.707	66.174	1.722	6.623	64.167
7	1.117	4.297	70.471	1.117	4.297	70.471	1.639	6.303	70.471
8	0.911	3.505	73.975						
9	0.842	3.238	77.214						

公因子的碎石图又称陡坡图，用以协助决定因子的个数，能够直观清楚地展现各因子复合系数的偏向情况。从图 5.1 中可见，急速上升的曲线表示有特殊因素的存在，当曲线趋于平缓时，表示无特殊因素值得抽取，在本次数据提取中，提取 7 个主成分因子时，损失较少。

经过相应的最大方差旋转处理后，各个变量的测量题项在对应因子的最小因子载荷量都超过了 0.4，说明所用的量表具有良好的区分效度，由表 5.7 可以发现：公共因子 1 包含了题项 a21、a22、a25、a26、a27；公共因子 2 包含了题项 a33、a34、a35、a36；公共因子 3 包含了题项 a23、a24；公共因子 4 包含了题项 a7、a8、a9；a11；a12；公共因子 5 包含了题项 a31、a32；公共因子 6 包含了题项 a19、a20；公共因子 7 包含了题项 a13、a15、a16、a18、a28、a29。

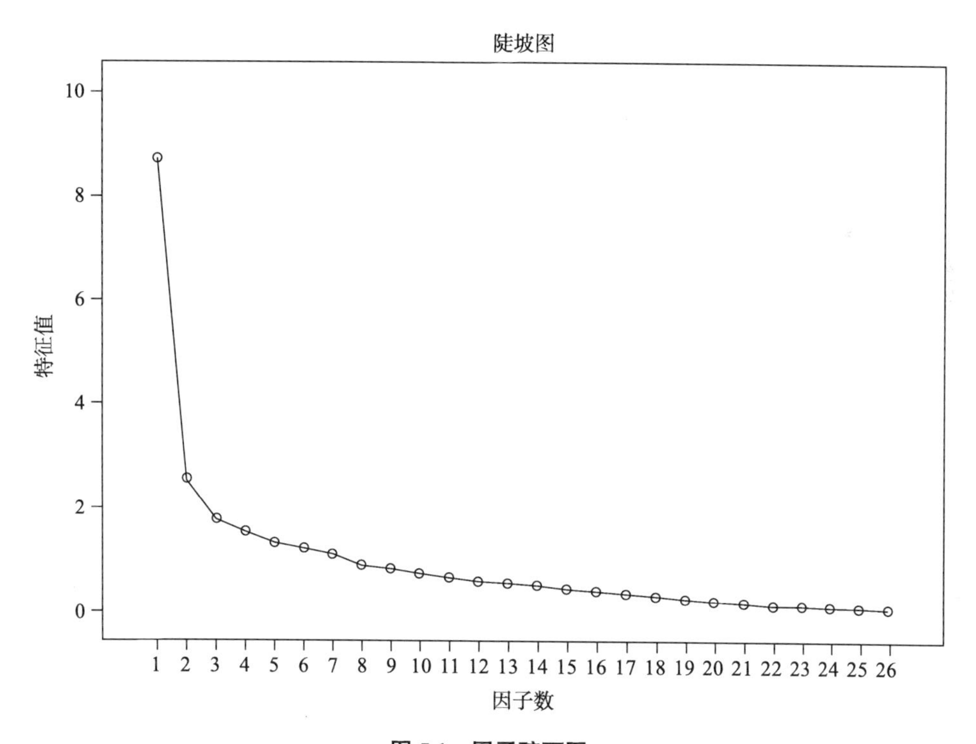

图 5.1　因子碎石图

表 5.7　因子负荷系数

题项	指标	公共因子						
		1	2	3	4	5	6	7
a7	内容合法性	0.206	0.24	0.126	0.612	–0.013	0.147	0.176
a8	内容合理性	0.14	0.401	0.341	0.481	0.396	0.028	0.218
a9	内容时效性	0.243	–0.021	0.269	0.754	0.147	0.224	0.518
a11	内容包含链接有效性	0.128	0.173	0.354	0.865	0.69	0.295	–0.053
a12	内容与主题相关性	0.275	0.386	0.074	0.488	0.374	0.162	0.375
a13	内容逻辑性	0.219	0.17	–0.09	0.018	0.292	0.578	0.754
a15	内容易理解性	0.214	0.566	0.158	0.434	–0.055	0.12	0.664
a16	内容重点突出性	0.212	0.216	0.369	0.203	0.03	0.165	0.475
a18	内容形式多样性	0.141	0.441	0.237	0.622	0.223	–0.138	0.647
a19	内容专业性	–0.013	0.078	0.422	0.295	0.117	0.54	0.133
a20	内容权威性	0.167	0.721	0.023	0.07	0.319	0.726	0.235
a21	平台具有评价功能	0.809	0.544	0.008	–0.036	0.342	0.538	0.254
a22	平台具有即时通信功能	0.783	0.279	0.165	0.173	0.094	0.234	0.125
a23	页面布局合理性	0.158	0.281	0.733	0.095	0.27	0.33	0.59
a24	字体协调	0.451	0.119	0.519	0.346	0.135	0.061	0.091
a25	检索路径清晰	0.747	0.141	0.347	0.315	0.124	–0.338	0.143
a26	平台具有隐私保护功能	0.632	0.171	0.388	0.44	0.031	0.081	0.715
a27	平台使用流畅性	0.504	0.21	0.494	0.37	0.049	0.043	0.023
a28	平台具有内容管理功能	0.318	0.337	0.405	0.343	–0.046	0.232	0.444
a29	平台具有内容审核功能	–0.003	0.284	0.446	0.204	–0.084	0.099	0.606
a31	愉悦感	0.565	0.305	0.545	0.168	0.664	–0.087	0.426
a32	成就感	0.086	0.368	0.363	0.08	0.534	0.483	0.179
a33	信息素养	0.429	0.634	0.005	–0.07	0.204	0.348	0.419
a34	背景知识	0.172	0.768	0.395	0.023	0.286	0.135	0.201
a35	用户习惯	0.386	0.585	0.296	0.071	0.306	0.222	0.68
a36	用户偏好	0.042	0.752	0.037	0.093	0.347	0.172	0.22

因子 1 包括了 5 个题项，分别是平台具有评价功能、平台具有即时通信功能、平台使用流畅、平台具有隐私保护功能以及检索路径清晰，这些题项都是针对用户在实际使用平台获取 UGC 的过程中平台功能方面设立的一些评价指标。因子 2 包括了 4 个题项，分别是信息素养、背景知识、用户习惯、用户偏好，这些题项都是针对用户的个人特征设立的指标。因子 3 包括了 2 个题项，分别是页面布局合理性以及字体协调性，这些题项主要是针对平台页面的设计方面设立的指标。因子 4 包括了 5 个题项，分别是内容合法性、内容合理性、内容时效性、内容包含链接有效性以及内容与主题相关性，这些题项都是针对用户在使用移动 UGC 的过程中移动 UGC 本身特性方面设立的指标，这些指标强调了具有什么样特点的移动 UGC 是有效的。因子 5 包括了 2 个题项，包括愉悦感、成就感，这些题项都是针对用户在使用移动 UGC 时产生的情感共鸣设立的指标，着重强调了用户的主观情感。因子 6 包括了 2 个题项，分别是内容专业性、内容权威性，这两个评价指标是对移动 UGC 具有遵循一种严格的标准的特性进行描述。因子 7 包括了 6 个题项，分别是内容逻辑性、内容易理解性、内容重点突出性、内容形式多样性以及平台具有内容管理功能、平台具有内容审核功能，这 6 个题项分别从移动 UGC 的特性以及平台的内容管理功能两个方面设置评价指标，来评价什么样的用户贡献或平台规则决定的移动 UGC 是容易被用户使用的。

4. 探索结果分析

由于题项是借鉴已有的研究和前文的实验结果设计，而且在设计时尽可能地将移动 UGC 可使用性评价指标纳入到问卷之中，所以数量比较多。但是通过因子分析发现，有些题项并没有在因子分析结果中形成移动 UGC 可使用性的评价指标，而被删除。

因子分析的结果与前文初步拟订的评价指标的结果并不完全一致，这是因为上文指标筛选本身存在主观性较强，而且研究结果无法扩大至其他样本。具体来看主要有以下三个方面。

（1）有效性一级指标的变化。

原有效性一级指标中包含内容时效性、内容包含错误率、内容包含链接有效性、内容与主题相关性这四个指标。根据因子分析的结果，首先，去掉了内容包含错误率这个指标；其次，将原合理性中的内容合法以及内容合理并入原有效性一级指标中，重新组成新的有效性一级指标。

（2）功能性一级指标的变化。

根据因子分析结果，新的功能性一级指标包含了原来功能性一级指标与互动性一级指标下的指标，之所以将原功能性一级指标与互动性一级指标进行合并，是由于互动性一级指标下的用户使用评价功能与及时通信功能与功能性一级指标下的指标一样，都是对用户使用平台的一些功能做评价，因此将这两个一级指标合并。

（3）易用性一级指标的变化。

根据上文分析结果，新的易用性一级指标由原易用性一级指标下的评价指标与原功能性一级指标下的平台具有内容管理功能、平台具有内容审核功能两个指标组合而成。之所以会将平台具有内容管理功能、平台具有内容审核功能两个指标并入易获取一级指标的原因是：这两个指标虽然是针对平台具体功能设立的指标，但其直接的作用对象仍为平台中的 UGC，其目的均为实现内容能够高效、快速地被用户使用。

根据上文因子分析结果调整后的指标如表 5.8 所示。

表 5.8　修改后的指标

一级指标	二级指标	内容概要	题项
有效性	内容合法性	内容不包含违法国家相关法律的内容、内容不侵害他人合法权益	a7
	内容合理性	内容不违背公序良俗	a8
	内容时效性	是否能及时反映当时主流趋势的能力	a9
	内容包含链接有效性	内容中的链接有效	a11
	内容与主题相关性	平台中的内容与其主题或标题相关	a12
易用性	内容逻辑性	内容前后关联一致，逻辑性强	a13
	内容易理解性	用户可以在较短时间内学会使用内容提供的信息	a15
	内容重点突出性	内容能够采用分点论述、黑体字、加错字、小标题、分论点等形式	a16
	内容形式多样性	内容中使用表情包等多种形式展现	a18
	平台具有内容管理功能	平台能够对其内容进行良好的组织、分类以及管理	a28
	平台具有内容审核功能	平台能够快速做到对优秀的内容加以推广，并且对不良内容进行删除	a29
标准化	内容专业性	内容中包含专业词汇，通常内容发布者为相关领域内专业人士	a19
	内容权威性	内容真实、可信，通常由认证作者、机构发布	a20
功能性	平台具有评价功能	在阅读平台中的内容时能够对其进行评价	a21
	平台具有即时通信功能	在阅读平台中的内容时能够与他人进行互动，满足用户的交流欲望	a22
	检索路径清晰	平台导航功能清晰、路径简单	a25
	平台具有隐私保护功能	在使用平台的过程中不会发生隐私泄露风险，具有隐私保护机制	a26
	平台使用流畅性	平台的响应速度迅速	a27

续表

一级指标	二级指标	内容概要	题项
页面设计	页面布局合理性	平台的页面布局合理	a23
	字体协调性	平台字体设计与阅读习惯相协调	a24
用户主观情感	愉悦感	用户在使用用户生成内容的过程中产生轻松、愉快的感觉	a31
	成就感	用户在阅读平台中的内容时能够产生巨大的成就感	a32
用户特征	信息素养	用户个人了解、搜集、评估和利用信息的知识结构	a33
	背景知识	用户的工作背景及所受的教育背景	a34
	用户习惯	用户的上网习惯	a35
	用户偏好	用户使用平台时所具有的偏好	a36

5.2 移动 UGC 可使用性评价指标验证性分析

为了对已经得出的移动 UGC 可使用性评价指标的 7 个一级指标进行更为准确的验证，本研究工作于 2017 年 12 月进行了较大范围的问卷调查。调查主要采用“问卷星”的形式进行。本研究使用 AMOS21.0 结构方程模型软件进行验证性因子分析，从而对上述研究中的 7 个一级指标进行研究，并对不同指标的影响力度予以分析。

5.2.1 移动用户生成内容可使用性评价指标模型构建

如图 5.2 所示，在 210 名调查对象中，女性有 129 人，占总人数的 61.43%，男性有 81 人，占总人数的 38.57%。调查对象的年龄分布小于 20 岁的为 20 人，占总人数的 9.25%；21~30 岁之间的有 102 人，占总人数的 48.57%；31~40 岁之间的有 46 人，占总人数的 21.9%；41~50 岁之间的有 29 人，占总人数的 13.81%；大于 50 岁的有 13 人，占总人数的 6.19%。

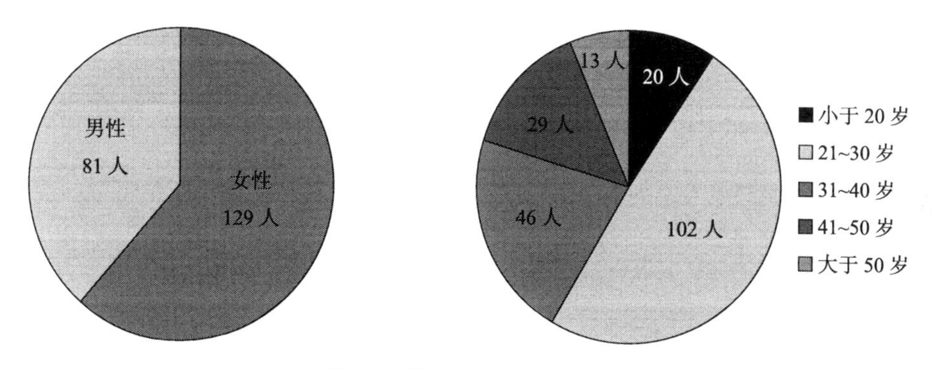

图 5.2　性别以及年龄分布图

如图 5.3 所示，使用手机上网年限在 1~3 年的有 30 人，占总人数的 14.29%；年限在 4~6 年的有 81 人，占总人数的 38.57%；年限在 7~9 年的有 60 人，占总人数的 28.57%；年限在 10 年以上的有 39 人，占总人数的 18.57%。

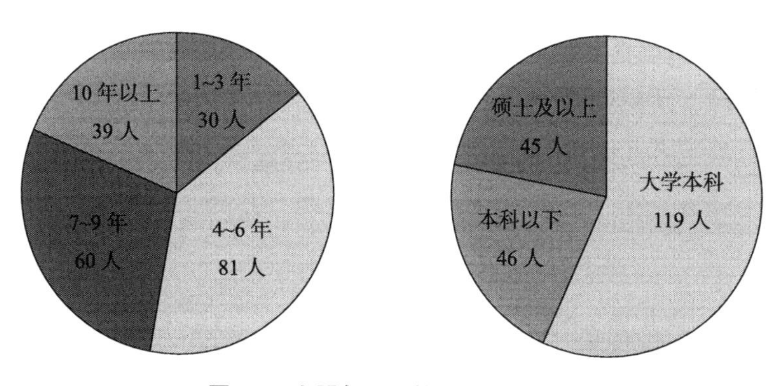

图 5.3　上网年限及教育程度分布图

另外，在受访者的文化程度上，本科学历的受访人数最多，为 119 人，占总人数的 56.67%；硕士以上次之，有 45 人，占总人数的 21.43%；本科以下人数 46 人，占总人数的 21.91%。

根据样本特征的分布可以发现，绝大多数受访者使用手机上网年限都大于 5 年，这表明大部分受访者对移动互联网较为了解，对移动 UGC 可使用性敏感度较高。另外，在受访者中，本科以上的受访者占绝大多数，这部分受访者有一定的学历背景，求知欲望强烈，长期与 UGC 接触，能够有效地对移动 UGC 可使用性评价的重要程度指标做出判断。

上文中通过访谈和探索性因子已经明确了移动 UGC 可使用性核心指标主要包括有效性、标准化、易用性、用户主观情感、功能性、页面设计、用户特征。为了对不同因子做进一步的验证和对影响程度的分析，本研究对这 7 个一级指标进行理论模型的构建和测量。构建的原理主要根据结构方程的二阶验证性因子分析建模原理。二阶验证性因子分析模型（second-order CFA model）是一阶验证性因子分析模型（first-order CFA model）的特例，又称为高阶因子分析。本研究之所以会采用二阶验证性因子分析模型作为评价指标模型构建的基础，主要是因为各个不同的一级指标在访谈过程和探索性因子分析的结果中都表现得比较独立，分别对移动 UGC 的可使用性产生影响，因此移动 UGC 可使用性可以作为一个更高阶的潜在变量，对作为并列一阶因子的 7 个一级指标做出解释，符合二阶验证性因子分析的基本假定，所以可以采用二阶验证性因子分析作为构建模型的基础方法和理论。

具体理论模型的建立主要借助 AMOS 软件进行操作，图 5.4 为移动 UGC 可使用性评价指标初始二阶 CFA 模型。移动 UGC 可使用性作为外因潜在变量，是更为高阶的因子，7 个一级指标被界定为内因潜在变量，而 7 个一级指标所包含的二级指标界定为各自的观测变量。在这个模型中，假设测量变量间没有误差共变量存在，也没有跨负荷量存在，每个测量变量均只受到一个初阶因子的影响。

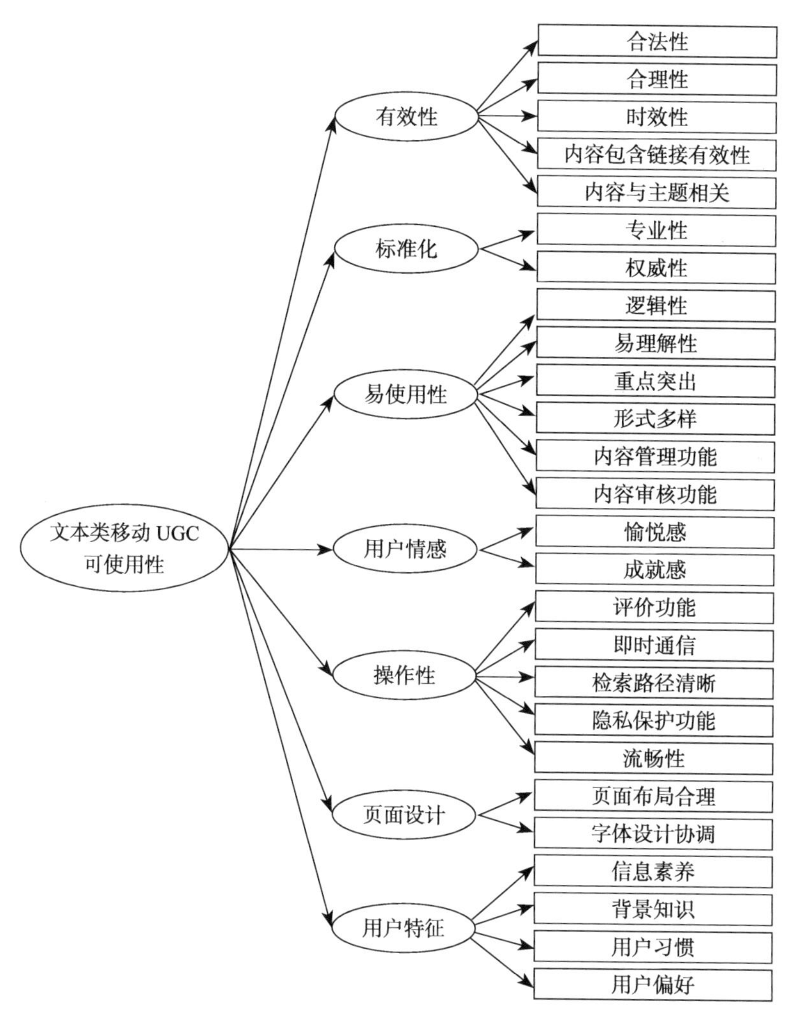

图 5.4　移动 UGC 可使用性评价指标概念模型

5.2.2 移动 UGC 可使用性评价指标理论模型的验证

本研究主要采用了结构方程分析方法对上述所得出的指标进行验证和分析。具体过程如下。

1. 结构方程模型识别

结构方程模型可识别的条件是必须满足两个具体的法则：***t*** 法则（t-rule）和二指标法则（two-indicator rule）。其中，***t*** 法则规定模型中的待估参数的个数必须小于等于 *N*（*N*+*I*）/2，其中 *N* 为观测变量个数。本研究中的验证性因子分析模型共有 26 个观测指标，*N*（*N*+*I*）/2=26（26+1）/2=351，因此本研究满足模型中的 ***t*** 法则。二指标法则（two-indicator rule）则规定模型中的所有潜在变量都应该有至少两个非零的观测变量，一个观测变量只测量潜在变量中的一个特定性质，不同因子间应保持一定的相互独立。如果同时满足上述几个条件，则满足该法则。从具体的模型来看，本研究的模型基本满足上述条件，基本符合 t 法则和二指标法则，满足结构方程模型的可识别的基本条件，因此本研究所提出的模型是可识别的。

2. 结构方程模型的评估

该部分主要分为模型的参数估计、模型的评价、信度评估和效度评估。

（1）模型的参数估计。

对结构方程模型的参数进行估计，应用最为广泛的是极大似然估计法，本研究也主要采用这种方法来对模型的参数进行估计。另外，本研究的各种参数估计和验证性因子分析模型的评价主要应用 AMOS21.0 软件来完成，该软件可以根据结构方程模型中的相关测量指标的方差和协方差对参数进行估计。具体见表 5.9。

表 5.9 测量指标的参数估计

变量	变量指标	R^2	T 值	标准化估值	构建信度
有效性	a7	0.606	—	0.779	0.8718
	a8	0.586	12.003	0.762	
	a9	0.537	11.121	0.724	
	a10	0.549	11.603	0.743	
	a11	0.621	12.464	0.787	
用户情感	a12	0.502	—	0.625	0.6522
	a13	0.591	8.577	0.763	
易用性	a14	0.628	—	0.789	0.8966
	a15	0.603	12.211	0.771	
	a16	0.647	12.818	0.799	
	a17	0.581	11.818	0.758	
	a18	0.576	11.795	0.751	
	a19	0.551	11.588	0.744	
标准化	a20	0.545	—	0.74	0.6966
	a21	0.534	9.526	0.722	
功能性	a22	0.498	—	0.483	0.8114
	a23	0.547	5.849	0.742	
	a24	0.501	7.083	0.541	
	a25	0.675	6.922	0.818	
	a26	0.615	13.495	0.785	

续表

变量	变量指标	R^2	*T* 值	标准化估值	构建信度
页面设计	a27	0.631	—	0.796	0.7293
	a28	0.533	9.98	0.718	
用户特征	a29	0.699	—	0.845	0.8098
	a30	0.653	13.854	0.803	
	a31	0.54	12.111	0.734	
	a32	0.472	6.645	0.457	

如表 5.9 所示，运用 AMOS21.0 软件，对模型进行分析得出各个指标的参数估计。从表中可以看出采用极大似然法所估计出的各个变量在其测量指标上的标准化估计值和显著性检验（*T* 值），其中标准化估计值反映了各指标在其变量上的因子负荷，各指标的因子负荷绝大部分大于 0.5，且 *T* 值都大于 2，即满足了显著性。这些参数将作为模型评价和信效度评估的数据基础。

（2）模型的评价。

对验证性因子模型的评价主要从一些具体的指标来进行判断，包括绝对拟合指标、相对拟合指标以及简约拟合指标。从绝对拟合指标来看，模型的 CMINDF=2.590（< 5 且 > 2），由于卡方检验具有一定的局限，因此仍需继续考察其他相关系数。同时，近似误差的均方根 RMSEA（Root Mean Square Error of Approximation）=0.087<0.1，标准化残差均方根（SRMR）=0.052 < 0.08，拟合优度（GFI）=0.881>0.8，都达到了比较理想的状态。在相对拟合指数中，常规拟合指标（NFI）=0.906>0.9 符合了拟合标准，而虽然比较拟合指标（CFI）等于 0.871，增值拟合指标（IFI）等于 0.872，但也基本达到了 0.9 的标准，几乎不会对模型拟合程度的判断结果产生影响。此外，简约拟合指数的两个标准，简约基准拟合指标（PNFI）和简约拟合指标（PGFI）均符合了建议标准值。因此，从整体上来看，本研究中的结构方程模型的整体拟合度达到了基本要求，即模型的结构合理，本研究所设计的观测变量能较为真实地测量出相应的潜在变量，样本数据与模型拟合程度较高（见表 5.10）。

表 5.10　测量模型的拟合指数

拟合指数	建议值	模型	拟合情况
绝对拟合指数（Absolute Index）			
CMINDF	> 2 且 < 5	756.348/292=2.590	理想
近似误差均方根（RMSEA）	< 0.1	0.087	理想
标准化残差均方根（SRMR）	< 0.8	0.052	理想
拟合优度（GFI）	> 0.8	0.881	理想
相对拟合指数（Relative Index）			
常规拟合指标（NFI）	> 0.9	0.906	理想
比较拟合指标（CFI）	> 0.9	0.871	基本理想
增值拟合指标（IFI）	> 0.9	0.872	基本理想
简约拟合指数（Parsimonious Index）			
简约基准拟合指标（PNFI）	> 0.5	0.726	理想
简约拟合指标（PGFI）	> 0.5	0.648	理想

（3）模型的信度评估。

模型的信度评估主要包括了个别变量指标信度评估和因子整体信度评估两个方面。

个别变量指标信度评估方面，目前该标准并不统一，一些研究中强调对于个别变量指标的信度的标准是变量指标中因子标准化系数的平方 R^2 大于 0.5，但多数情况下不容易满足该标准，因此目前多数研究采用测量指标的因子标准化系数达到 0.5 以上，就可以通过信度评估。

从表 5.10 测量指标的参数估计中可以看出，虽然变量指标中个别的 R^2 值低于 0.5 的严格标准，但所有指标的显著性检验值（T 值）都要大于 2，即满足了显著性水平的要求。因此，所分析的 26 个测量变量可以成为测评这 7 个潜在变量的相关指标。

因子整体信度主要通过建构信度来表示。建构信度主要是对二组潜在变量的一致性程度进行评估，建构信度越高表明测量指标的相互关联的程度越高❶。此外，建构信度在一些结构方程的研究中也被称为组合信度，其计算公式如下：

$$\rho_c = \frac{\left(\sum \lambda\right)^2}{\left(\sum \lambda\right)^2 + \left(\sum \theta\right)}$$

其中，ρ_c 为建构信度，λ 为测量变量在潜变量上的标准化系数，θ 为测量变量的测量误差。建构信度的标准目前并没有得到统一，但多数相关研究学者，如 Kline、Raine 等人认为在潜在变量大部分标准化估计值都大于 0.5 的前提下，建构信度大于 0.5 就可以被接受。本研究将采用大于 0.5 就可接受的标准。从表 5.9 可以看出，所有测量指标的标准化估计值都在 0.5 以上，且所对应的潜变量的建构信度也都大于 0.5，这表明各潜变量的测量表现出了良好的内部一致性，因

❶ 黄芳铭，2003. 结构方程模型理论与应用 [M]. 北京：中国税务出版社 .

子信度指标均可接受。

（4）模型的效度评估。

效度评估主要通过聚合效度和区分效度两个标准进行参考。

聚合效度（Convergent Validity）是指运用不同测量工具或方法测评某个特定测量结果，所表现出的相似程度，即不同测量工具或者方法对应在相同特征的测定结果应该具有的相似性。一般情况下，潜在变量所包含的因子负荷大于 0.5，且 T 值大于 2，则表示所选的潜在变量具备聚合效度，可以对其进行聚合效度程度大小的判断。

如表 5.9 所示，各潜在变量所包含的绝大部分测量指标的因子负载值大于 0.5，T 值都大于 2，基本符合了聚合效度的基本条件，显示本研究模型中的所设置量表的潜变量具备聚合效度，反映出了测量指标对于潜在变量具有较强解释力，各潜在变量的测量有足够的聚合效度。

所谓区分效度（Discriminant Validity）是指构面所代表的潜在特质与其他构面所代表的潜在特质间低度相关或有显著的差异存在。对于各潜在变量的区分效度判断，通常会对各潜在变量间完全标准化相关系数与所涉及的各个潜在变量的 AVE 的平方根值进行比较，当前者小于后者，则表明各潜在变量间存在足够的区分效度。表 5.11 显示了不同一级指标间的完全标准化相关系数矩阵，最下面一行为通过计算得出的各个一级指标（潜在变量）的 AVE 平方根，通过比较可以发现，不同潜在变量的 AVE 平均值大于各个一级指标间的完全标准化系数，符合了区分效度的标准，显示了这 7 个潜在变量之间彼此区分效度良好。

表 5.11　潜在变量的相关系数矩阵

	用户情感	用户特征	页面设计	有效性	功能性	易用性	标准化
用户情感	1						
用户特征	0.566	1					
页面设计	0.505	0.523	1				
有效性	0.611	0.631	0.566	1			
功能性	0.577	0.597	0.534	0.644	1		
易用性	0.570	0.590	0.527	0.636	0.601	1	
标准化	0.523	0.541	0.482	0.585	0.552	0.545	1
AVE 平方根	0.8076	0.9000	0.8540	0.9337	0.9008	0.9469	0.8346

综上所述，模型的拟合效果达到基本的要求，及模型的信效度评估也达到了相关的标准，但是模型并不是非常理想。潜在的原因可能是：① 由于该方面的理论研究有所欠缺，构建的模型的理论基础仍旧较为薄弱。不过，作为首次尝试将移动 UGC 可使用性评价指标进行定量的建模分析，可以为今后移动 UGC 可使用性的测评提供依据；② 虽然样本量达到 200 份以上，达到了结构方程建模要求的基本要求，但可能是由于样本量仍旧偏少，今后需要进一步扩大样本检测。同时考虑到我们的研究目的，是通过对移动 UGC 可使用性评价指标的定量分析，而不是单纯地追求模型的最优拟合效果和信效度标准，其结果在可接受的范围内。

5.2.3　验证性因子分析结果分析

借助 AMOS 软件的计算，移动 UGC 信息可使用性评价指标的测量模型运行结果如图 5.5 所示。

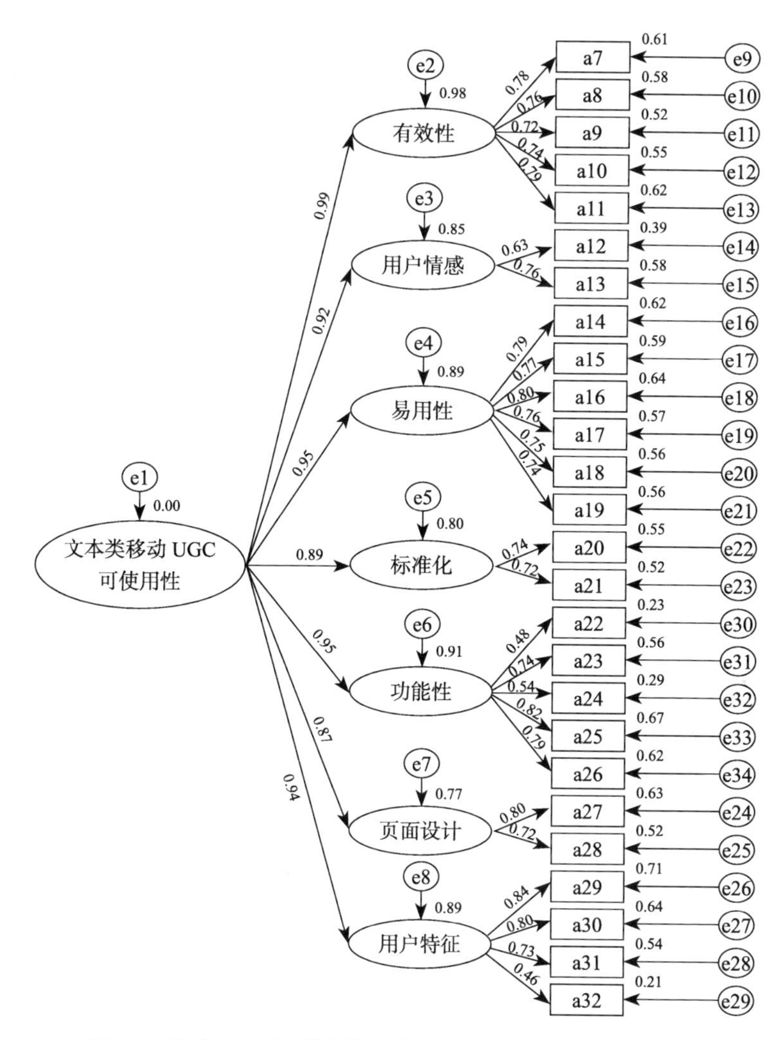

图 5.5　移动 UGC 可使用性评价指标结构方程模型运行结果

本节通过借助结构方程模型对潜在变量进行了解释和验证，并通过模型中的路径系数等指标来解释各个潜在变量（评价指标）对移动 UGC 可使用性的效用关系。结构方程的整体效果和路径系数如图 5.5 所示。

7 个潜在变量在模型中的对移动 UGC 可使用性的解释和验证可以通过表 5.12 所示的相关数据加以解释。其中 7 个潜在变量的 T 值都大于 5，且 p 值都达到了显著性水平，因此进一步验证了这 7 个潜在变量对移动 UGC 可使用性所产生的直接影响，验证了前期调研和探索性因子分析所识别和分析化指标的结果。

表 5.12　验证测量模型的相关系数

潜在变量	Estimate	S. E.	C. R.	*P*	路径系数
有效性←移动 UGC 可使用性	0.98	0.072	11.386	***	0.990
功能性←移动 UGC 可使用性	0.909	0.084	6.846	***	0.953
易用性←移动 UGC 可使用性	0.894	0.091	11.656	***	0.945
用户特征←移动 UGC 可使用	0.846	0.088	12.546	***	0.941
用户情感←移动 UGC 可使用	0.885	0.706	8.536	***	0.920
标准化←移动 UGC 可使用性	0.799	0.091	9.977	***	0.894
页面设计←移动 UGC 可使用性	0.765	0.095	10.654	***	0.875

通过表 5.12 的相关数据可以发现本研究所识别的有效性一级指标对移动 UGC 可使用性有正向的显著影响。其中表 5.12 中的数据显示，有效性与移动 UGC 可使用性的路径系数为 0.990，且 T 值为 11.386 达到显著性水平，前文中所识别的“有效性”这个一级指标获得支持。这表明移动 UGC 内容的有效性对移动 UGC 可使用性有明显的促进作用。另外，有效性的 5 个二级指标也对其产生着不同程度的影响，见表 5.13。

表 5.13　有效性一级指标下二级指标的路径系数

题项	二级指标	路径系数
a7	内容合法性	0.779
a8	内容合理性	0.762
a9	内容时效性	0.724
a10	内容包含链接有效性	0.743
a11	内容与主题相关性	0.789

所有二级指标都对内容有效性具有正向的作用，在这些二级指标中，路径系数最高的指标是内容与主题相关性，其数值为 0.789，说明其对有效性的评价力度最显著，路径系数排在第二位的是内容合法性，而内容时效性路径系数为 0.724，对有效性的影响程度最小。

通过表 5.12 的相关数据可以发现本研究所识别的功能性一级指标对移动 UGC 可使用性有正向的显著影响。功能性与移动 UGC 可使用性的路径系数为 0.953，且 T 值为 6.846 达到显著性水平，前文中所识别的“功能性”这个一级指标获得支持。这表明平台功能性对移动 UGC 可使用性有明显的促进作用。另外，功能性的 5 个二级指标也对其产生着不同程度的影响，见表 5.14。

表 5.14　功能性一级指标下二级指标的路径系数

题项	二级指标	路径系数
a22	平台具有及时通信功能	0.483
a23	平台具有评价功能	0.743
a24	检索路径清晰	0.541
a25	平台具有隐私保护功能	0.818
a26	平台使用流畅性	0.785

所有二级指标都对功能性具有正向的作用，在这些二级指标中，路径系数最高的指标是平台具有隐私保护功能，其数值为 0.818，说明其对平台功能性的评价力度最显著。平台具有即时通信功能的路径系数为 0.483，对平台功能性的影响程度最小。

通过表 5.12 的相关数据可以发现本研究所识别的易用性一级指标对移动 UGC 可使用性有正向的显著影响。易用性与移动 UGC 可使用性的路径系数为 0.945，且 T 值为 11.656 达到显著性水平，前文中所识别的“易用性”这个一级指标获得支持。这表明移动 UGC 内容的易用性对移动 UGC 可使用性有明显的促进作用。另外，内容易获取的 6 个二级指标也对其产生着不同程度的影响，见表 5.15。

表 5.15　易用性一级指标下二级指标的路径系数

题项	二级指标	路径系数
a14	内容形式多样性	0.789
a15	用户易理解性	0.771
a16	内容重点突出性	0.799
a17	内容逻辑性	0.758
a18	平台具有内容管理功能	0.751
a19	平台具有内容审核功能	0.744

所有二级指标都对易用性具有正向的作用，在这些二级指标中，路径系数最高的指标是内容重点突出性，其数值为 0.799，说明其对易用性的评价效力最大，其次是内容形式多样性，而平台具有内容审核功能的路径系数为 0.744，对易用性的评价效力最小。

通过表 5.12 的相关数据可以发现本研究所识别的用户特征对移动 UGC 可使用性有正向的显著影响。用户特征与移动 UGC 可使用性的路径系数为 0.941，且 T 值为 12.546 达到显著性水平，前文中所识别的“用户特征”这个一级指标获得支持。这表明用户特征这个一级指标下的指标对移动 UGC 可使用性有明显的促进作用。另外，用户特征一级指标的 4 个二级指标也对其产生着不同程度的影响，见表 5.16。

表 5.16　用户特征一级指标下二级指标的路径系数

题项	二级指标	路径系数
a29	信息素养	0.845
a30	背景知识	0.803
a31	用户习惯	0.734
a32	用户偏好	0.457

所有二级指标都对用户特征具有正向的作用，在这些二级指标中，路径系数最高的指标是用户个人的信息素养，其数值为 0.845，说明其对用户特征的评价效力最大，用户使用平台时所具有偏好对用户特征的影响程度最小，路径系数为 0.457。

通过表 5.12 的相关数据可以发现本研究所识别的用户情感一级指标对移动 UGC 可使用性有正向的显著影响。用户情感与移动 UGC 可使用性的路径系数为 0.920，且 T 值为 8.536 达到显著性水平，前文中所识别的“用户情感”这个一级指标获得支持。这表明用户情感一级指标对移动 UGC 可使用性有明显的促进作用。另外，用户情感一级指标的两个二级指标也对其产生着不同程度的影响，见表 5.17。

表 5.17　用户情感一级指标下二级指标的路径系数

题项	二级指标	路径系数
a12	愉快感	0.625
a13	成就感	0.763

所有二级指标都对系统实用具有正向的作用，在这些二级指标中，路径系数最高的指标是用户在阅读平台中的内容时能够产生巨大的成就感，其数值为 0.763，说明其对用户情感的评价效力最大，其次是用户在使用用户生成内容的过程中产生轻松、愉快的感觉，其路径系数为 0.625，对标准化的影响程度最小。

通过表 5.12 的相关数据可以发现本研究所识别的标准化一级指标对移动 UGC 可使用性有正向的显著影响。标准化与移动 UGC 可使用性的路径系数为 0.894，且 T 值为 9.977 达到显著性水平，前文中所识别的“标准化”这个一级指标获得支持。这表明标准化一级指标对移动 UGC 可使用性有明显的促进作用。另外，标准化一级指标的两个二级指标也对其产生着不同程度的影响，见表 5.18。

表 5.18　标准化一级指标下二级指标的路径系数

题项	二级指标	路径系数
a20	内容专业性	0.74
a21	内容权威性	0.722

所有二级指标都对系统实用具有正向的作用，在这些二级指标中路径系数最高的指标是，内容中包含专业词汇，通常内容发布者为相关领域内专业人士，其数值为 0.74，说明其对标准化的影响程度最大，其次是内容真实、可信，通

常由认证作者、机构发布，其路径系数为 0.722，对标准化的影响程度最小。

通过表 5.12 的相关数据可以发现本研究所识别的页面设计一级指标对移动 UGC 可使用性有正向的显著影响。页面设计与移动 UGC 可使用性的路径系数为 0.875，且 T 值为 10.645 达到显著性水平，前文中所识别的"页面设计"这个一级指标获得支持。这表明页面设计一级指标对移动 UGC 可使用性有明显的促进作用。另外，页面设计一级指标的两个二级指标也对其产生着不同程度的影响，如表 5.19 所示。

表 5.19　页面设计一级指标下二级指标路径系数

题项	二级指标	路径系数
a27	页面布局合理性	0.796
a28	字体协调性	0.718

所有二级指标都对页面设计具有正向的作用，在这些二级指标中路径系数最高的指标是页面布局合理，其数值为 0.796，说明其对页面设计的评价效力最大，其次是平台字体设计与阅读习惯相协调，其路径系数为 0.718，对页面设计的影响程度最小。

下面对验证结果进行讨论。

（1）对不同一级指标的验证。

通过对移动 UGC 可使用性评价指标结构方程模型的识别和评价，其拟合效果达到基本的要求，模型的信效度评估也都达到了相关的标准，因此该模型可以得到验证，这也直接验证了前文中探索性因子分析的结论，即 7 个一级指标对移动 UGC 可使用性的影响得到了进一步的验证，也说明了前文中的实验和访谈结果是具有一定科学性和合理性的。此外，由于所验证的 7 个一级指标都是“自下而上”进行识别的，并且经过更多的用户的验证，因此具有较好的用户基础，得到了用户一定的认知和肯定，可以为移动 UGC 网站的设计者、内容的监管者以及用户提供参考，具有较好的实践价值。

（2）不同评价指标间的影响力度分析。

通过对上述相关结果的分析，7 个一级指标中，有效性对移动 UGC 可使用性的影响程度最大，路径系数为 0.990；功能性对移动 UGC 可使用性的影响力排在第二位，为 0.953；易用性、用户特征、用户情感对移动 UGC 可使用性的影响程度较上述两个一级指标次之，都在 0.9 以上；而标准化和页面设计对移动 UGC 可使用性的影响较小，路径系数都在 0.9 以下，分别为 0.894、0.875。

通过不同一级指标的路径系数也说明不管什么类型的用户生成内容，内容是否有效对于其可使用性来说都是至关重要的，这同时也与上文实验后访谈中词频中的错误、标题党等词语相一致，多数受访者也都认为一个有针对性、通俗易懂并且能够反映当时主流趋势的内容都会直接影响他们对其使用的效率和体验。

用户贡献以及获取移动 UGC 的行为主要依托于平台的功能，如果平台的建设不能够使用户贡献和获取移动 UGC 的行为顺利地进行，那么移动 UGC 的可使用性也就无从谈起，并且，通过进行可使用性测试，也观察到测试者在使用平台中简单易操作的功能时内心更加放松，这对用户获取其中的内容有非常大的影响。

提高平台中的内容被用户获取的效率是增加用户粘性的重要措施之一，前文的访谈中一些受访者在使用平台的过程中表示如果平台中的内容总是能够突出重点、并且不单纯以文字形式展示，那么他们将更愿意使用该平台。而验证性因子的结果也进一步证明了内容易获取对于用户使用和选择用户生成内容平台的重要程度，与访谈结果相类似，也在一定程度上说明了内容易使用的重要性，其甚至会成为用户选择或者持续使用该平台的前提。

用户生成内容的产生和利用都与用户直接相关，因此，设计指标时要对用户个人的信息能力、信息意识以及背景有所体现，这样才能更好地反映用户的体验和感知，满足用户的需求，提升用户的满意度。通过可使用性测试，观察到用户进行搜索的内容与其生活关联性较强，说明用户的主观倾向、个性偏好也会影响其对内容的选择。

用户生成内容是由千万个用户贡献而成，往往带有贡献者的主观色彩。在访谈的受访者中也是受关注最多的一级指标之一，而验证性因子分析中的路径系数也进一步证实了用户主观对于移动UGC可使用性的影响程度。

通过上述分析进一步说明以上7个一级指标是移动UGC设计人员在进行可使用性设计所需要重点考虑和关注的。另外，标准化指标的路径系数0.894，在所有一级指标中排名第六，这一方面说明有些用户渴望得到由专家或权威机构贡献的具有专业价值、真实、客观等特性的UGC；另一方面也说明，一些用户对内容的标准化也并不是非常敏感,他们使用UGC并不是刻意地去学习知识，而是去娱乐、消遣。页面设计对移动UGC可使用性的影响力度最小。这说明，平台页面的外观以及其字体设计虽然能够提升用户使用平台获取UGC的过程中的体验，但主要的关注点还是在与平台功能的交互上。

（3）不同指标间的相关性分析。

通过上文潜在变量的相关系数矩阵表，可以发现不同指标之间存在着区分效度，但通过对相关系数的观察也可得知不同指标之间也存在着一定的相关性。通过分析可以发现易用性一级指标与其他几个维度的相关性表现较为突出，其中与有效性、功能性的相关系数达到 0.5 以上，说明易使用维度会在一定程度上受其他几个一级指标的影响，尤其对于有效性的相关性最强，相关系数达到 0.636，另外，易用性与功能性也存在比较强烈的相关性，相关系数达到 0.601。这也说明了功能性维度指标对于易用性一级指标具有调节作用。

因此，移动 UGC 可使用性的 7 个一级指标并不是完全独立的，它们之间仍然存在着一定的联系，在进行移动 UGC 可使用性研究过程中仍然需要探索它们之间的相关性的内在机理，这也是今后需要研究的重要问题。

5.3 小结

本研究的核心内容是通过两次较大规模的调查借助探索性因子分析、验证性因子分析等量化分析方法，对前文初步设立的可使用性评价指标进行实证探索、验证和分析。借助探索性因子分析对初设指标进行合并精简，进一步探索出 7 个一级指标以及其各自所属的二级指标，借助验证性因子分析的方法对不同指标对 UGC 可使用性的评价力度进行探索，形成路径系数，为下文指标权重的确定提供了基础。

第 6 章　移动 UGC 可使用性评价指标体系的建立

本章在指标构建原则的基础上，利用通过验证性分析进行修改后的评价指标并结合各个指标的路径系数，构建移动 UGC 可使用性评价指标体系。

6.1　指标构建原则

6.1.1　全面性原则

全面性原则主要指构建的指标体系必须系统地、全面地反映评价对象的本质特点，指标要能涉及评价对象方方面面的特点。

6.1.2　有效性原则

有效性原则是指指标内容与评价目标的一致性程度，它要求我们所选的各项指标都能对所描述对象的其中一方面达到最好的效果，且每项指标之间的冗余程度达到最低。指标之间不可冲突，因为冲突指标会导致冗余信息，增加计算量，并影响权重的准确性。

6.1.3 精简性原则

精简性原则主要是指在能够全面反映评价指标特点的基础上，指标体系应做到适当的概括、合并，达到可能的精简的目的。如果指标数量过多，会加重评价者的工作量，那么评价结果也很难达到理想的效果。

6.1.4 可行性原则

可行性原则是指每个评价指标应该是客观、明确的，不带有研究人员的主观情感，并且每个指标在实际的评价活动中应该是可操作化的且容易量化。

6.2 移动 UGC 可使用性评价指标体系的确定

6.2.1 移动 UGC 可使用性指标内容描述

移动 UGC 可使用性评价指标是基于用户实际获取、使用 UGC 感知而得到的结果，主要描述用户的主观感受。因此，在对 UGC 进行评价时，主要通过量表打分的方式进行。表 6.1 是对各个指标测量概要的描述，供评价者在可使用性评价的过程中进行参考，保证指标的通俗易懂。

表 6.1　移动 UGC 可使用性测评指标观测概要

一级指标	二级指标	观测概要
有效性	内容合法性	不违反国家相关法律
	内容合理性	内容遵循公序良俗，主要不包括：危害国家公共秩序；危害家庭关系；违反性道德行为；违反人权和人格尊严
	内容时效性	内容能及时反映当时的主流趋势
	内容包含链接有效性	内容中包含的链接能够正常打开，且不是欺诈、赌博、色情类网站
	内容与主题相关性	内容与其主题相关，不包含广告
易用性	内容形式多样性	内容以表情包、颜文字的方式展现
	内容易理解性	不包含或较少包含网络用语、生僻词汇，容易理解其中的含义
	内容重点突出性	内容能够采用分点论述、黑体字、加错字、小标题、分论点等形式展现
	内容逻辑性	内容的前后表述的是同一事物或事件
	平台具有内容管理功能	平台能够对其内容进行良好的组织、分类以及管理
	平台具有内容审核功能	平台能够快速做到对优秀的内容加以推广，并且对不良内容进行删除
主观情感	愉悦感	用户在使用用户生成内容的过程中产生轻松、愉快的感觉，为用户主观体验
	成就感	用户在使用用户生成内容的过程中能够产生成就感，为用户主观体验

续表

一级指标	二级指标	观测概要
功能性	平台具有及时通信功能	平台具有私信功能
	平台具有评价功能	平台具有点赞、踩、评论功能
	检索路径清晰	用户为了查找内容所实施操作的步骤
	平台具有隐私保护功能	在使用平台的过程中不会发生隐私泄露风险，具有隐私保护机制
	平台使用流畅性	用户使用平台不存在卡顿、闪退现象
页面设计	页面布局合理性	用户在与平台交互过程中对界面的主观评价，为用户主观体验
	字体协调性	用户在与平台交互过程中对字体的主观评价，为用户主观体验
标准化	内容专业性	内容中包含专业词汇，通常内容发布者为相关领域内专业人士
	内容权威性	内容真实、可信，通常由认证作者、机构发布
用户特征	信息素养	用户理解、获取、利用信息的能力及利用信息技术的能力，为用户主观体验
	背景知识	用户的工作背景及所受的教育背景，为用户主观体验
	用户习惯	用户在获取信息时形成的习惯性操作，为用户主观体验
	用户偏好	用户在获取信息时所做出的理性的、具有倾向性的选择，为用户主观体验

6.2.2 移动 UGC 可使用性评价指标权重的确定

移动 UGC 可使用性是一个比较抽象的概念，其实质是用户在利用平台使用其中内容来满足需求和解决相应问题的一种体验与态度，本部分内容要做的是确定这些指标对于评价移动 UGC 可使用性的效力，即权重系数。利用上文得到的探索性因子分析结果，对这 7 个一级指标以及各自所属的二级指标进行权重的分配。权重确定方法包括主观和客观两大类。所谓主观方法就是凭经验估计相应的权重指数，如德尔菲法和层次分析法等；客观赋值法则依据评价对象各指标数据，按照相应的数学公式或者准则计算出对应的权重指数，如熵值法和最大方差法等。本研究对于指标权重的确定，主要采用客观计算权重指数的方法，体现了移动 UGC 可使用性的以用户使用为中心的原则，从用户的角度来确定具体的指标权重。对于一级指标权重的确定，即将前文中潜在变量的路径系数进行归一化处理得到。对于二级指标权重的确定，本研究对各个指标在其测量变量上的路径系数（或因子负荷数）进行归一化处理，得到二级指标的对应权重。该方法突破了以往对网站信息可使用性的综合评价方法指标权重由专家确定的不足，丰富了移动 UGC 可使用性测评相关理论和实践。

表 6.2 为通过归一化处理后的指标和权重，具体归一的算法是依据影响因素测量模型 MI 的运行结果，将标准化路径系数进行归一化处理得到观测变量对应的权重。其中，归一化公式为

$$P_{ij}=\frac{\lambda_{ij}}{\sum_{j=i}^{n}\lambda_{ij}}$$

其中，P_{ij} 为一级指标 X_i 的第 j 个指标对应的权重，一级指标确定权重的方法与此相同。经过计算，一级指标和二级指标的具体权重系数如表 6.2 所示。

表 6.2　移动 UGC 可使用性测评指标体系

一级指标（X_i）	归一化权重（P_i）	二级指标（X_{ij}）	归一化权重（P_{ij}）
有效性	0.152	内容合法性	0.205
		内容合理性	0.200
		内容时效性	0.190
		内容包含链接有效性	0.184
		内容与主题相关性	0.208
易用性	0.145	内容形式多样性	0.171
		内容易理解性	0.167
		内容重点突出性	0.173
		内容逻辑性	0.164
		平台具有内容管理功能	0.162
		平台具有内容审核功能	0.161
主观情感	0.141	愉悦感	0.452
		成就感	0.552
功能性	0.146	平台具有及时通信功能	0.143
		平台具有评价功能	0.22
		检索路径清晰	0.16
		平台具有隐私保护功能	0.242
		平台使用流畅性	0.233
页面设计	0.134	页面布局合理性	0.526
		字体协调性	0.474
标准化	0.137	内容专业性	0.506
		内容权威性	0.494

续表

一级指标（X_i）	归一化权重（P_i）	二级指标（X_{ij}）	归一化权重（P_{ij}）
用户特征	0.144	信息素养	0.298
		背景知识	0.283
		用户习惯	0.256
		用户偏好	0.161

6.3　移动 UGC 可使用性评价指标在评价中的可操作化处理

上文提出的移动 UGC 可使用性评价指标都是与用户的体验与感知十分相关，是用户对其获取、使用 UGC 的过程及其结果做出的评价，比如对与内容易理解以及主观情感的评价等。对其评价所需要获取的数据是没有一个严格的数量范围的，往往只能用很高、较高、一般、较低、很低这五个程度来表述。因此，其评价结果不能够通过具体的数字表示和界定，是一个较为具体的模糊评价指标，因此，采取模糊综合评价的方法来对移动 UGC 的可使用性评价结果进行量化。具体步骤如下：

（1）确定模糊评价指标集 $U=\{u_1, u_2, \cdots, u_n\}$

指标集合 U 还可以划分为 n 个子指标集合，即 U_1，U_2，U_3，…，U_n，其中 $U_i=\{x_{i1}, x_{i2}, \cdots, x_{in}\}$；$i=1$，2，…，$n$。

（2）确定评价集合 $V=\{v_1, v_2, \cdots, v_m\}$，一般采用李克特量表来表示，即 $V=$ {非常不同意，不同意，一般，同意，非常同意}，并且可以对其进行相应的赋值，表示为 $C=\{1, 2, 3, 4, 5\}$。

（3）对单指标进行评判得到隶属度向量 $r_i=\{r_{i1}, r_{i2}, \cdots, r_{im}\}$，形成隶属度矩阵：

$$R=\begin{pmatrix} r_{11} & r_{12} & \cdots & r_{1m} \\ r_{21} & r_{22} & \cdots & r_{2m} \\ \vdots & \vdots & \vdots & \vdots \\ r_{n1} & r_{n2} & \cdots & r_{nm} \end{pmatrix}$$

（4）确定指标集权重向量，对评判集归一化。

（5）计算综合隶属度向量：对于权重 $A=\{a_1, a_2, \cdots, a_n\}$，计算 $B=A\circ R$。

（6）根据隶属度最大原则计算指标的综合评判值。

6.4 小结

本部分在前文分析的结果上，构建出移动用户生成内容可使用性评价指标体系，以模型中的路径系数作为依据，对各个指标进行详细的描述，并通过归一化处理形成指标的各级权重。在此基础上，提出利用模糊综合评价法来实现指标在实际评价中的可操作化处理。

第 7 章　移动用户生成内容可使用性的测评及建议

7.1　测评对象的选取

为了进一步探讨所建立的评价指标的可行性及合理性，本研究选取前文中三个相关平台中的 UGC、知乎、大众点评和小红书作为评价对象，这三个应用平台使用人数较多，且涵盖了不同类型的 UGC。

图 7.1 为艾瑞咨询对三个平台在 2018 年 1 月的月均设备量以及环比增幅调查数据的展示，从中可以看出，大众点评、知乎网以及小红书的设备量依次下降，而环比增幅则正相反，依次上升。从中我们也可以看出这三个平台在当前发展的差异。本部分内容究利用得出的评价指标体系对这三个平台中的 UGC 进行评价。评价过程是：将评价指标体系的各个指标表述为具体的题项，采用李克特 5 分量表的方式，选择 15 名访问并使用过上述三个平台的用户，然后要求他们根据相应的题项进行打分，对打分结果进行统计分析。

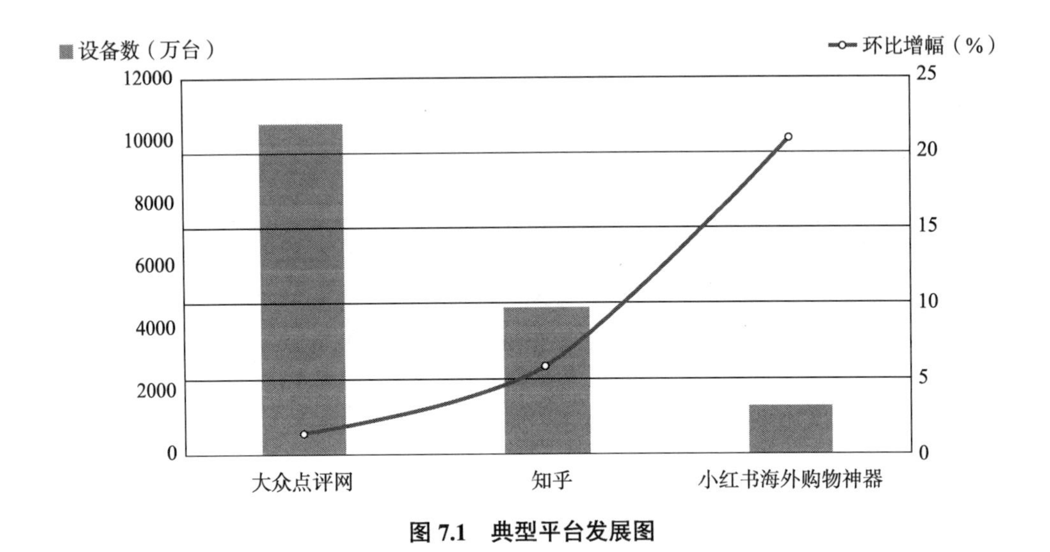

图 7.1　典型平台发展图

7.2　测评结果

7.2.1　知乎网中移动 UGC 的测评结果

表 7.1 为 15 名用户对于知乎网中 UGC 可使用性情况的打分情况，由公式可得知乎网 UGC 可使用性的一级评价矩阵，有效性的评价指标矩阵 R_1，易用性的评价指标矩阵 R_2，主观情感的评价指标矩阵 R_3，功能性的评价指标矩阵 R_4，页面设计的评价指标矩阵 R_5，标准化的评价指标矩阵 R_6，用户特征的评价指标矩阵 R_7。具体矩阵结果见表 7.2。

表 7.1　知乎网移动 UGC 评价矩阵

一级指标	权重	二级指标权重	评价等级及人数				
			非常不同意（1）	不同意（2）	一般（3）	同意（4）	非常同意（5）
有效性	0.152	0.205	0	0	1	8	6
		0.2	0	0	2	8	5
		0.19	0	0	2	7	6
		0.184	1	0	0	8	6
		0.208	0	3	4	5	3
易用性	0.145	0.171	0	0	7	4	4
		0.167	1	1	5	8	0
		0.173	0	0	2	7	6
		0.164	0	0	2	10	3
		0.162	0	1	3	10	1
		0.161	0	2	4	6	3
主观情感	0.141	0.452	0	0	1	10	4
		0.552	0	0	4	10	1
功能性	0.146	0.143	1	1	3	7	3
		0.22	0	0	0	13	2
		0.16	0	0	6	5	4
		0.242	0	3	1	6	5
		0.233	0	0	5	5	5
页面设计	0.134	0.526	0	0	2	13	0
		0.474	0	2	0	12	1
标准化	0.137	0.506	0	0	3	6	6
		0.494	0	0	2	8	5
用户特征	0.144	0.298	0	0	5	7	3
		0.283	0	0	5	6	4
		0.256	0	0	5	5	5
		0.161	0	2	5	3	2

表 7.2　知乎网移动 UGC 模糊关系矩阵

<table>
<tr><td rowspan="5">R_1</td><td>0.000</td><td>0.000</td><td>0.067</td><td>0.533</td><td>0.400</td></tr>
<tr><td>0.000</td><td>0.000</td><td>0.133</td><td>0.533</td><td>0.333</td></tr>
<tr><td>0.000</td><td>0.000</td><td>0.133</td><td>0.467</td><td>0.400</td></tr>
<tr><td>0.067</td><td>0.000</td><td>0.000</td><td>0.533</td><td>0.400</td></tr>
<tr><td>0.000</td><td>0.200</td><td>0.267</td><td>0.333</td><td>0.200</td></tr>
<tr><td rowspan="6">R_2</td><td>0.000</td><td>0.000</td><td>0.467</td><td>0.267</td><td>0.267</td></tr>
<tr><td>0.067</td><td>0.067</td><td>0.333</td><td>0.533</td><td>0.000</td></tr>
<tr><td>0.000</td><td>0.000</td><td>0.133</td><td>0.467</td><td>0.400</td></tr>
<tr><td>0.000</td><td>0.000</td><td>0.133</td><td>0.667</td><td>0.200</td></tr>
<tr><td>0.000</td><td>0.067</td><td>0.200</td><td>0.667</td><td>0.067</td></tr>
<tr><td>0.000</td><td>0.133</td><td>0.267</td><td>0.400</td><td>0.200</td></tr>
<tr><td rowspan="2">R_3</td><td>0.000</td><td>0.000</td><td>0.067</td><td>0.667</td><td>0.267</td></tr>
<tr><td>0.000</td><td>0.000</td><td>0.267</td><td>0.667</td><td>0.067</td></tr>
<tr><td rowspan="5">R_4</td><td>0.067</td><td>0.067</td><td>0.200</td><td>0.467</td><td>0.200</td></tr>
<tr><td>0.000</td><td>0.000</td><td>0.000</td><td>0.867</td><td>0.133</td></tr>
<tr><td>0.000</td><td>0.000</td><td>0.400</td><td>0.333</td><td>0.267</td></tr>
<tr><td>0.000</td><td>0.200</td><td>0.067</td><td>0.400</td><td>0.333</td></tr>
<tr><td>0.000</td><td>0.000</td><td>0.333</td><td>0.333</td><td>0.333</td></tr>
<tr><td rowspan="2">R_5</td><td>0.000</td><td>0.000</td><td>0.133</td><td>0.867</td><td>0.000</td></tr>
<tr><td>0.000</td><td>0.133</td><td>0.000</td><td>0.800</td><td>0.067</td></tr>
<tr><td rowspan="2">R_6</td><td>0.000</td><td>0.000</td><td>0.200</td><td>0.400</td><td>0.400</td></tr>
<tr><td>0.000</td><td>0.000</td><td>0.133</td><td>0.533</td><td>0.333</td></tr>
<tr><td rowspan="4">R_7</td><td>0.000</td><td>0.000</td><td>0.333</td><td>0.467</td><td>0.200</td></tr>
<tr><td>0.000</td><td>0.000</td><td>0.333</td><td>0.400</td><td>0.267</td></tr>
<tr><td>0.000</td><td>0.000</td><td>0.333</td><td>0.333</td><td>0.333</td></tr>
<tr><td>0.000</td><td>0.133</td><td>0.333</td><td>0.200</td><td>0.133</td></tr>
</table>

运用二级指标评价矩阵进行单级模糊综合评价，得到知乎网内容的可使用性中有效性的等级分布 B_1，其中：

$$(0.205\quad 0.200\quad 0.190\quad 0.184\quad 0.208)\begin{bmatrix} 0.000 & 0.000 & 0.067 & 0.533 & 0.400 \\ 0.000 & 0.000 & 0.133 & 0.533 & 0.333 \\ 0.000 & 0.000 & 0.133 & 0.467 & 0.400 \\ 0.067 & 0.000 & 0.000 & 0.533 & 0.400 \\ 0.000 & 0.200 & 0.267 & 0.333 & 0.200 \end{bmatrix}$$

$B_1=(0.012\quad 0.042\quad 0.121\quad 0.472\quad 0.334)$

同理，需要计算出易用性评价指标的等级分布 B_2，主观情感评价指标的等级分布 B_3，功能性的评价指标等级分布 B_4，页面设计的评价指标等级分布 B_5，标准化的评价指标等级分布 B_6，用户特征的评价指等级分布 B_7。计算结果如下：

$B_2=(0.011\quad 0.044\quad 0.256\quad 0.497\quad 0.191)$

$B_3=(0.000\quad 0.000\quad 0.178\quad 0.670\quad 0.158)$

$B_4=(0.010\quad 0.058\quad 0.186\quad 0.490\quad 0.260)$

$B_5=(0.000\quad 0.063\quad 0.070\quad 0.835\quad 0.032)$

$B_6=(0.000\quad 0.000\quad 0.170\quad 0.470\quad 0.370)$

$B_7=(0.000\quad 0.021\quad 0.332\quad 0.370\quad 0.242)$

对形成的各个等级分布矩阵 B_i 所组成的模糊综合评价矩阵 S 和一级指标权重向量 W 进行相乘计算，即可得出知乎网 UGC 可使用性的整体分布 B，其中：

$B=W\cdot S=(0.005\quad 0.033\quad 0.188\quad 0.539\quad 0.229)$

知乎网 UGC 整体可使用性的等级指数 U 为

$$U = B \cdot C^T = (0.005 \quad 0.033 \quad 0.188 \quad 0.539 \quad 0.229)\begin{pmatrix}1\\2\\3\\4\\5\end{pmatrix} = 3.936$$

同理，可以对七个一级指标的不同等级指数分别进行计算，其结果如下：

$$U_1 = B_1 \cdot C^T = (0.012 \quad 0.042 \quad 0.121 \quad 0.472 \quad 0.334)\begin{pmatrix}1\\2\\3\\4\\5\end{pmatrix} = 4.107$$

U_2=3.810，U_3=4.004，U_4=3.944，U_5=3.836，U_6=4.240，U_7=3.728。

综上所述,知乎网中移动 UGC 可使用性的整体模糊评价等级指标为 3.936，7 个一级指标的综合模糊综合评价等级指数分别为：有效性 4.107，易用性 3.810，主观情感 4.004，功能性 3.944，页面设计 3.836，标准化 4.240，用户特征 3.728。

7.2.2 小红书中移动 UGC 的测评结果

表 7.3 为 15 名用户对于小红书中移动 UGC 可使用性情况的打分情况，由公式可得知小红书 UGC 可使用性的一级评价矩阵，有效性的评价指标矩阵 R_1，易用性的评价指标矩阵 R_2，主观情感的评价指标矩阵 R_3，功能性的评价指标矩阵 R_4，页面设计的评价指标矩阵 R_5，标准化的评价指标矩阵 R_6，用户特征的评价指标矩阵 R_7。具体矩阵结果如表 7.4 所示。

表 7.3　小红书移动 UGC 评价矩阵

一级指标	权重	二级指标权重	评价等级及人数				
			非常不同意（1）	不同意（2）	一般（3）	同意（4）	非常同意（5）
有效性	0.152	0.205	0	0	1	7	7
		0.2	0	1	0	7	7
		0.19	0	1	0	8	6
		0.184	1	1	2	8	3
		0.208	0	1	5	5	4
易用性	0.145	0.171	1	1	3	7	3
		0.167	0	2	3	8	2
		0.173	0	1	4	7	3
		0.164	0	0	3	7	5
		0.162	0	1	2	7	5
		0.161	1	1	3	9	1
主观情感	0.141	0.452	1	0	2	7	5
		0.552	0	3	4	6	2
功能性	0.146	0.143	1	0	4	8	2
		0.22	0	1	2	9	3
		0.16	1	0	4	6	4
		0.242	1	2	4	6	2
		0.233	0	1	5	6	3
页面设计	0.134	0.526	0	2	2	9	2
		0.474	1	1	3	8	2
标准化	0.137	0.506	1	1	3	6	4
		0.494	1	3	3	6	2
用户特征	0.144	0.298	1	1	2	8	3
		0.283	1	1	4	6	3
		0.256	0	1	3	8	3
		0.161	1	1	3	8	2

表 7.4　小红书移动 UGC 模糊关系矩阵

R_1	0.000	0.000	0.067	0.467	0.467
	0.000	0.067	0.000	0.467	0.467
	0.000	0.067	0.000	0.533	0.400
	0.067	0.067	0.133	0.533	0.200
	0.000	0.067	0.333	0.333	0.267
R_2	0.067	0.067	0.200	0.467	0.200
	0.000	0.133	0.200	0.533	0.133
	0.000	0.067	0.267	0.467	0.200
	0.000	0.000	0.200	0.467	0.333
	0.000	0.067	0.133	0.467	0.333
	0.067	0.067	0.200	0.600	0.067
R_3	0.067	0.000	0.133	0.467	0.333
	0.000	0.200	0.267	0.400	0.133
R_4	0.067	0.000	0.267	0.533	0.133
	0.000	0.067	0.133	0.600	0.200
	0.067	0.000	0.267	0.400	0.267
	0.067	0.133	0.267	0.400	0.133
	0.000	0.067	0.333	0.400	0.200
R_5	0.000	0.133	0.133	0.600	0.133
	0.067	0.067	0.200	0.533	0.133
R_6	0.067	0.067	0.200	0.400	0.267
	0.067	0.200	0.200	0.400	0.133
R_7	0.067	0.067	0.133	0.533	0.200
	0.067	0.067	0.267	0.400	0.200
	0.000	0.067	0.200	0.533	0.200
	0.067	0.067	0.200	0.533	0.133

所得到的各一级指标的模糊评价等级分布如下所示：

$B_1=(0.012\quad 0.052\quad 0.107\quad 0.485\quad 0.357)$

$B_2=(0.022\quad 0.067\quad 0.200\quad 0.499\quad 0.210)$

$B_3=(0.030\quad 0.110\quad 0.208\quad 0.432\quad 0.224)$

$B_4=(0.037\quad 0.063\quad 0.252\quad 0.462\quad 0.185)$

$B_5=(0.032\quad 0.102\quad 0.165\quad 0.568\quad 0.133)$

$B_6=(0.067\quad 0.133\quad 0.200\quad 0.400\quad 0.201)$

$B_7=(0.050\quad 0.067\quad 0.199\quad 0.494\quad 0.187)$

对形成的各个等级分布矩阵 B_i 所组成的模糊综合评价矩阵 S 和一级指标权重向量 W 进行相乘计算，即可得出知乎网 UGC 可使用性的整体分布 B，其中：$B=W\cdot S=(0.035\quad 0.084\quad 0.190\quad 0.476\quad 0.216)$

小红书 UGC 整体可使用性的等级指数 U 为

$$U=B\cdot C^{\mathrm{T}}=(0.035\quad 0.084\quad 0.190\quad 0.476\quad 0.216)\begin{pmatrix}1\\2\\3\\4\\5\end{pmatrix}=3.757。$$

同理，可以对 7 个一级指标的不同等级指数分别进行计算，其结果如下：

$$U_1=B_1\cdot C^T=(0.012\quad 0.052\quad 0.107\quad 0.485\quad 0.357)\begin{pmatrix}1\\2\\3\\4\\5\end{pmatrix}=4.162。$$

$U_2=3.802$，$U_3=3.722$，$U_4=3.692$，$U_5=3.668$，$U_6=3.538$，$U_7=3.702$。

综上所述，小红书移动 UGC 可使用性的整体模糊评价等级指标为 3.757，7 个一级指标的综合模糊综合评价等级指数分别为：有效性 4.162，易用性 3.802，主观情感 3.722，功能性 3.692，页面设计 3.668，标准化 3.538，用户特征 3.702。

7.2.3 大众点评中移动 UGC 的测评结果

表 7.5 为 15 名用户对于大众点评中 UGC 可使用性情况的打分情况，由公式可得知大众点评中 UGC 可使用性的一级评价矩阵，有效性的评价指标矩阵 R_1，易用性的评价指标矩阵 R_2，主观情感的评价指标矩阵 R_3，功能性的评价指标矩阵 R_4，页面设计的评价指标矩阵 R_5，标准化的评价指标矩阵 R_6，用户特征的评价指标矩阵 R_7。具体矩阵结果见表 7.6。

表 7.5 大众点评移动 UGC 评价矩阵

一级指标	权重	二级指标权重	评价等级及人数				
			非常不同意（1）	不同意（2）	一般（3）	同意（4）	非常同意（5）
有效性	0.152	0.205	0	2	2	4	7
		0.200	0	1	6	1	7
		0.190	0	0	5	5	5
		0.184	0	1	4	6	4
		0.208	2	1	6	4	2

续表

一级指标	权重	二级指标权重	评价等级及人数				
			非常不同意（1）	不同意（2）	一般（3）	同意（4）	非常同意（5）
易用性	0.145	0.171	1	2	3	7	2
		0.167	0	3	6	5	1
		0.173	0	0	6	7	2
		0.164	1	0	4	8	2
		0.162	0	1	2	7	5
		0.161	0	2	4	3	6
主观情感	0.141	0.452	0	0	2	9	4
		0.552	0	2	5	6	2
功能性	0.146	0.143	0	3	5	4	3
		0.22	1	1	3	4	6
		0.16	0	2	2	7	4
		0.242	0	2	6	3	4
		0.233	2	1	4	7	1
页面设计	0.134	0.526	1	2	4	6	2
		0.474	2	0	3	7	3
标准化	0.137	0.506	1	2	4	7	1
		0.494	0	2	8	2	3
用户特征	0.144	0.298	0	1	4	7	3
		0.283	0	0	7	6	2
		0.256	0	1	4	10	0
		0.161	0	0	5	6	4

表 7.6　大众点评移动 UGC 模糊关系矩阵

R_1	0.000	0.133	0.133	0.267	0.467
	0.000	0.067	0.400	0.067	0.467
	0.000	0.000	0.333	0.333	0.333
	0.000	0.067	0.267	0.400	0.267
	0.133	0.067	0.400	0.267	0.133
R_2	0.067	0.133	0.200	0.467	0.133
	0.000	0.200	0.400	0.333	0.067
	0.000	0.000	0.400	0.467	0.133
	0.067	0.000	0.267	0.533	0.133
	0.000	0.067	0.133	0.467	0.333
	0.000	0.133	0.267	0.200	0.400
R_3	0.000	0.000	0.133	0.600	0.267
	0.000	0.133	0.333	0.400	0.133
R_4	0.000	0.200	0.333	0.267	0.200
	0.067	0.067	0.200	0.267	0.400
	0.000	0.133	0.133	0.467	0.267
	0.000	0.133	0.400	0.200	0.267
	0.133	0.067	0.267	0.467	0.067
R_5	0.067	0.133	0.267	0.400	0.133
	0.133	0.000	0.200	0.467	0.200
R_6	0.067	0.133	0.267	0.467	0.067
	0.000	0.133	0.533	0.133	0.200
R_7	0.000	0.067	0.267	0.467	0.200
	0.000	0.000	0.467	0.400	0.133
	0.000	0.067	0.267	0.667	0.000
	0.000	0.000	0.333	0.400	0.267

所得到的各一级指标的模糊评价等级分布如下所示：

B_1=（0.028　0.067　0.303　0.261　0.329）

B_2=（0.022　0.088　0.279　0.412　0.197）

B_3=（0.000　0.073　0.224　0.492　0.194）

B_4=（0.046　0.112　0.272　0.329　0.240）

B_5=（0.098　0.070　0.235　0.432　0.162）

B_6=（0.034　0.133　0.398　0.302　0.133）

B_7=（0.000　0.037　0.334　0.488　0.140）

对形成的各个等级分布矩阵 B_i 所组成的模糊综合评价矩阵 S 和一级指标权重向量 W 进行相乘计算，即可得出知乎网 UGC 可使用性的整体分布 B，其中：

$B = W \cdot S =$（0.032　0.083　0.295　0.386　0.201）

大众点评 UGC 整体可使用性的等级指数 U 为

$$U = B \cdot C^T = (0.032 \quad 0.083 \quad 0.295 \quad 0.386 \quad 0.201)\begin{pmatrix}1\\2\\3\\4\\5\end{pmatrix} = 3.632$$

同理，可以对 7 个一级指标的不同等级指数分别进行计算，其结果如下：

$$U_1 = B_1 \cdot C^T = (0.028 \quad 0.067 \quad 0.303 \quad 0.261 \quad 0.329)\begin{pmatrix}1\\2\\3\\4\\5\end{pmatrix} = 3.760$$

U_2=3.668，U_3=3.816，U_4=3.602，U_5=3.496，U_6=3.367，U_7=3.728。

综上所述，大众点评移动UGC可使用性的整体模糊评价等级指标为3.632，7个一级指标的综合模糊综合评价等级指数分别为：有效性3.760，易用性3.668，主观情感3.816，功能性3.602，页面设计3.496，标准化3.367，用户特征3.728。

7.3 测评结果的分析与讨论

从三个平台中的UGC整体的可使用性来看，知乎网中的UGC可使用性整体指标最高，得分为3.936，其次是小红书，其UGC可使用性综合性整体指标为3.757，大众点评中的UGC可使用性整体指标数为3.632。这也进一步说明了知乎网中的内容质量较好，能够吸引用户浏览。艾瑞咨询的数据也表明，三个平台中知乎网在用户规模以及增量上都相对均衡，在一定程度上也能说明这个问题。在整体了解三个平台UGC可使用性整体情况的基础上，需要进一步对不同的指标来进行分析，从而可以更深入地发现一些具体问题。

7.3.1 有效性

小红书中的UGC在有效性方面得分最高，为4.162，而知乎网中的UGC得分紧随其后，为4.107，大众点评排名第三位3.76。内容是否有效对于其可使用性来说是至关重要的，一个有针对性、通俗易懂并且能够反映当时主流趋势的内容会直接影响他们对其使用的效率和体验。小红书作为近些年来新兴的社区类电商平台，社区中的 UGC 最初主要由经常跨境购物的人群贡献的，这批用户本身就是生活方式的先行者，所以贡献的内容质量都非常高，这些内容对于想购买境外商品的用户非常实用且具有针对性，因此，这些内容的贡献者获得了一大批用户的关注，贡献者也持续贡献新的内容与用户互动。与此同时，用户的口口相传和各种热情洋溢的留言扩大了小红书的影响力，给其他用户留下了良好的印象。知乎网定位于互联网问答社区，其 UGC 的有效性的评分仅次于小红书。知乎网秉持人人可编辑、人人参与讨论的观点，一个问题下面会有不同角度的回答，每个用户都能找到自己想要的答案，这大大提高了内容的有效性。大众点评定位于本地商务点评平台，其中 UGC 的有效性的得分在三个平台中排名最后，大众点评中的内容涵盖了用户生活的方方面面，与前两个平台相比，大众点评始终没有找到一个能够激发用户创造高质量内容的热情的手段，并且，大众点评中的 UGC 主要是用户直接针对商家提供的商品以及服务进行评价的内容，因此商家出于各种目的诱导用户发布对自己有利的内容，从而降低了内容的有效性。有效性一级指标包括了内容合法性、内容合理性、内容时效性、内容包含链接有效性、内容与主题相关性这 5 个具体的二级指标，下面对三个平台中的 UGC 在 5 个二级指标上的得分情况进行分析。

在内容的合法性方面，三个平台中 UGC 的得分都达到了 60 分以上，说明其都遵循相关法律、法规。内容的合理性方面，知乎网以及小红书的得分都达到了 60 分以上，大众点评得分为 59 分，这是由于大众点评中的 UGC 包含了一些刷单、商家谩骂等内容。关于内容的时效性，小红书、知乎网以及大众点评的得分都达到了 60 分以上，说明这三个平台中的内容都有非常好的时效性。关于内容包含链接的有效性，只有知乎网的得分达到了 60 分以上，内容链接有效主要是指内容中包含的链接能够正常打开，且不是欺诈、赌博、广告、色情类网站，小红书与大众点评虽然视 UGC 为核心部分，但其盈利都是通过一系列的商业活动，因此，在其内容的链接中往往会推广一些商品或服务的广告。关于内容与主题的相关性，小红书得分为 57 分，在这三个平台中得分最高，这是由于小红书中的内容都非常有针对性，大部分内容都属于美妆、穿搭等一系列内容，用户群体固定，用户在阅读这些内容的时候带有极大的兴趣，就算平台中包含一些广告性质的内容，用户抵触性也比较低。

7.3.2 易用性

在这三个平台的 UGC 中，知乎网的 UGC 的易用性指标最高，得分为 3.81，而小红书中 UGC 易用性紧随其后，得分为 3.802，大众点评排名第三位得分 3.668。从三个平台的得分可以看出，知乎网以及小红书中的内容总是能够突出重点、以多种形式展示，用户的利用率高。知乎网还采用了较为先进的个性化推荐算法，能够精准地为用户推送其需要的内容，而大众点评中的 UGC 则稍显单调,短评论较多,包含信息量较少。易用性一级指标包括了内容形式多样性、内容易理解性、内容重点突出性、内容逻辑性、平台具有内容管理功能以及平台具有内容审核功能这 6 个二级指标。下面对三个平台中的 UGC 在 6 个二级指标上的得分情况进行分析。

在内容形式多样化方面，三个平台的得分较为接近，这说明三个平台中的内容都不仅限于用文字来呈现，形式丰富。在内容易理解以及内容逻辑性方面，小红书得分最高，分值分别为 55 分、62 分，这也从侧面说明小红书的用户对其 UGC 的认同，用户总是出于自己的兴趣去关注相关的内容，事先就对相关内容有着深入的理解，因此能够快速地理解内容的含义。值得注意的是，在内容逻辑性方面，知乎网几乎与小红书得分一致，这是由于知乎网用户学历较高，表述能力较强，因此贡献的内容条理性好，逻辑性强。大众点评在这两个方面得分都较低，这是由于用户使用大众点评中其他用户贡献的评论的目的是为了进行参考，事先并不十分了解相关内容，另外，与用户在知乎网以及小红书发表内容需要具备一定的相关知识储备相比，用户在大众点评贡献内容则门槛较低，只要进行过相关消费便可以点评，因此贡献的内容质量优劣不一。在内容管理以及审核方面，大众点评得分较高，分数分别为 61 分、58 分。这是由于大众点评中的 UGC 数量远超于知乎网以及小红书中的数量，包含了衣、食、住、行各个商业活动的内容，且更新频繁，因此大众点评只有具备良好的内容管理及审核功能才能满足用户的需求。

7.3.3 主观情感

在主观情感方面，三个平台的得分情况，知乎网中的 UGC（4.004）> 大众点评中的 UGC（3.816）> 小红书中的 UGC（3.722）。之所以知乎网中的内容在主观情感方面排名第一，是由于知乎网中的问题包罗万象，涉及生活中的方方面面，总有用户能够找到与其情感相贴合的内容。大众点评中的内容有相当一部分内容是针对美食的点评，人们总是对美食有认同感。小红书中的内容主要涉及美妆、穿搭等方面，针对性强，女性用户能对其产生巨大的兴趣，而男性用户则对其“不感冒”。

7.3.4 功能性

用户贡献以及获取 UGC 的行为主要依托于平台的功能，如果平台的建设不能够使用户贡献和获取 UGC 的行为顺利地进行，那么 UGC 的可使用性也就无从谈起。在这三个平台中，知乎网的得分最高，分值为 3.994；小红书的得分紧随其后，分值为 3.692，大众点评的得分为 3.602。这三个平台的分值相差不大，在平台功能建设的方面上，三个平台所提供的功能都能较好地满足用户的需求。功能性一级指标下包含了平台具有及时通信功能、平台具有评价功能、检索路径清晰、平台具有隐私保护功能以及平台使用流畅性这 5 个二级指标。下面对三个平台中的 UGC 在 5 个二级指标上的得分情况进行分析。

在即时通信功能、平台具有评价功能以及检索路径这三个方面，三个平台的得分较为一致，说明这三个平台在用户获取内容以及互动方面提供的功能能够基本满足用户的需要。在平台具有隐私保护功能方面，小红书得分较低，这是由于小红书创建时间较晚，且刚刚由兴趣社区转型为基于兴趣社区的电商平台，由于一些无良商家的存在，电商平台一直是用户信息泄露的“重灾区”，小红书隐私保护功能的建设没有能够与转型的脚步相协调。平台使用流畅性方面，知乎网得分最高，分值为 60 分。小红书以及大众点评由于其自身的商业属性，平台中集成了许多商业附加版块，导致平台较为臃肿，运行流畅度低。而知乎网则比较纯粹，以问答社区为主要功能，没有多余的商业附加版块，因此平台运行流畅度高。

7.3.5　页面设计

平台页面的外观以及其字体设计能够提升用户使用平台获取 UGC 的过程中的体验。在这个方面，知乎网得分较高，分值为 3.836。不同于大众点评以及小红书首页色彩丰富，令人视觉疲劳，知乎网采用简单的蓝色作为其主色调，这减轻了用户的视觉疲劳，用户体验较好。

7.3.6　标准化

在这个方面，知乎网的得分远远高于其他两个平台，其分值为 4.24。这是由于在知乎网中存在着各行各业内、头顶各种标签的“大 V”用户，这些人贡献的回答具有很高的专业性。与此同时，知乎网鼓励用户在问答过程中进行讨论，这样可以使用户从多方面的角度看待问题，能够产生更具有参考性的内容。

7.3.7　用户特征

在用户特征这个方面，三个平台的得分较为接近，用户使用这三个平台中的 UGC 都有明确的目的，或是为了分享获取他人的观点，或是为了查找相关消费信息，抑或是出于自身的兴趣。因此，平台中的内容往往能与用户的信息素养、背景知识、习惯以及偏好等个人特质相协调。

7.4 增强移动 UGC 可使用性的建议

测评结果发现在 UGC 可使用性整体指标上，知乎网中的 UGC 最高，后面的依次是小红书和大众点评中的内容。在 UGC 可使用性的 7 个一级指标方面，知乎网中的 UGC 在易用性、主观情感、功能性、页面设计、标准化、用户特征 6 个方面测评指标都是最高的，小红书中的 UGC 则在有效性这一个方面领先于其他两个网站。大众点评中的 UGC 只是在用户特征方面与知乎网持平，略好于小红书。

根据测评结果，本研究提出与移动 UGC 可使用性建设相关的三个方面的建议：增强内容的有效性、提高平台的性能、增加用户的个人体验。

7.4.1 增强内容的有效性

内容的有效性是影响移动 UGC 可使用性的关键变量，因此移动 UGC 必须提高自身的有效性，包括链接有效性、内容相关性、内容的时代性、内容通俗性、层次丰富性以及内容聚合度，来保证移动 UGC 的有效性。

其中，内容的相关性对内容的有效性起到了最大程度的影响。内容相关性指的是，移动 UGC 能提供给用户需要的信息，而不是无效的信息。UGC

低相关性最显著的现象就是，许多生成内容的用户制造者为博取受众眼球，大肆制作耸人听闻、题文不符的标题。这些内容大多数都具有套用网络热词、使用耸人听闻的灵异之词、使用情色庸俗之词、利用道德亲情绑架之词这几个特点，并且在微信、微博中越演越烈。这些内容只是作为吸引受众的诱饵，以庸俗、虚假的标题吸引受众的关注，用户往往点开后，发现并不是自己想要的内容，不能带来较高层次的精神满足。因此，需要采取下列措施保证 UGC 的相关性。

1. 平台设立严格的审核制度

平台的审核可以机器审核（机审）为主，以人工审核（人审）为辅，在发现一些问题之后（如机审异常、有人举报等），再介入人工干预。一般而言，机审和人审都需要具备，海量数据以机审为主，人审为辅；少量数据则可投入更多的人审。与此同时也辅助于用户举报功能。系统通过收集用户反馈，对内容进行协同过滤，审核不是目的，只是手段。

2. 为优质作者提供更好的授信空间

在一个平台上，对历史表现不同的 UGC 贡献者给予不同的授信空间。在系统识别出了质量低下的内容后，对于不同贡献者的处理方式会有尺度上的松紧之分。劣迹贡献者可能干脆就不会获得推荐量，优质贡献者则可能不会有太多降权，甚至会有人工复查的机会。把好的阅读体验带给更多人，与此同时，平台需要通过额外的体系，刺激移动用户发布高质量的内容，以体现其在平台的价值最大化。

3. 对内容的规范性进行积极的引导

提高内容的通俗性也就是用户可以在较短时间内理解内容的含义，非常典型的现象就是网络用语的流行，更新速度非常快。但是它的使用率也很高，优点也是很明显的，如通俗易懂、潮流、个性等，但网络用语更新速度之快，一天不去关注它，分分钟钟落后于人，导致一些用户不能理解内容的含义。因此，在条件允许的情况下，既要保证移动 UGC 有着其网络内容的独特特点，但还需要在一定程度上对贡献者进行正确的规范，积极地引导。

7.4.2　提高平台的性能

平台的功能性、页面设计性都对 UGC 的可使用性产生一定的影响，而这些范畴与平台本身息息相关。因此，对这两个方面进行一定的改善，就能够较好的完善其性能，从而在一定程度上提高 UGC 的可使用性。

系统检索、平台的响应速度等都能反映网站交互性，其中平台导航和信息查找功能在平台交互性中的影响最大，完善平台交互性，需要首先优化这两个具体功能，一个良好的导航系统可以帮助用户预见每一步操作的结果，并且它会让人们在浏览平台时感到放心，同时导航系统能够使一切信息内容井然有序，很少或完全不会出现信息所在位置不确定的现象。为了达到这样的效果，导航系统的设计必须遵循“一致性”和“避免冗余”两个原则，一致性主要指信息与所在位置的一致性，用户需求与所要达到目的地的一致性，而避免冗余主要指可以为同样类型的链接提供多个导航区域，因为那些重复的或者无法区别的类别会将整个平台界面弄得很复杂，因此只要在一个区域中清晰地对具体事物进行导航描述即可。

此外，页面简洁也是提高平台性能的重要因素，通过对平台页面布局做进一步的简化，内容的精简可以减轻用户的视觉和阅读的负担，从而提高用户使用网站的效率。页面的颜色和字体都会从视觉上影响用户的使用效率，例如字体和颜色是使平台能够给用户留下好印象的主要指标，不同的字体会营造出庄重或随意的气氛，同时不同的颜色可能会对相应的信息起到强调作用，此外，屏幕的尺寸、分辨率等也是提高平台的性能时所需要考虑的。

7.4.3　增加用户的个人体验

为了增加用户体验，平台充分了解用户需求、用户个体特征等情况，并将这些情况直接应用于 UGC 的可使用性建设中，以此为不同用户提供更好的体验。不同的用户对于 UGC 的使用态度、效果等都是不同的，会产生愉悦、成就及被尊重的感觉，这些感觉影响着用户使用平台中的内容。不同性别、年龄、文化程度及职业背景对用户的需求和 UGC 可使用性都有一定的影响。平台应该注重不同用户之间的差异，并根据不同用户群体的特点，提供不同的体验措施和策略，从而满足不同用户的需求，提供全方位、人性化的服务，使不同的用户都能够产生愉悦、成就及被尊重的心理感受。

7.5 小结

本章首先在建立评价指标体系的基础上，借助模糊评价的方法对知乎网、大众点评以及小红书移动客户端中的 UGC 进行实际测评；其次，根据实际测评结果，总结出了提升移动 UGC 可使用性的三方面建议。

附　录

附录一　可使用性测试知情书

编号：　　　　学院：　　　　年级：　　　　性别：

1. 请认真阅读实验同意书，如果您同意参加此次实验，并履行参与者的责任和义务，请在许可协议上签名。

2. 您被邀请到这里，是为了参与一个关于用户生成内容的研究，所谓的用户生成内容（移动 UGC）就是人们在网络中创建的个人档案，生成的个性化内容，分享的照片、视频、博客等，本次研究主要的研究对象是文本型移动 UGC。本次测试选取的对象为互联网问答平台知乎网、大众点评、小红书移动客户端，这三个客户端使用起来很简单，通过参与这项研究，您能够为我的研究提供数据，来提升用户生成内容的可使用性。

3. 您在实验中需完成知乎网、大众点评、小红书 3 个任务，每个任务包含 3 个步骤。如您对实验有疑问，请及时提出。

4. 这虽然叫做测试，但不是要对您进行测试，这次是邀请您来评估客户端及其中内容的，为了解您的看法，所以您怎么说都没有对错。即使不能完成任务，也不是您的错，如果说出一些负面看法，也不会伤害任何人的感情。

5. 您在测试的过程中可以说出所有的想法。我会留在房间里面，一边听您的发言并做记录，但是您在执行任务时要当我不存在，专心地执行任务。

6. 实验资料只用于实验目的，并会被妥善保管。任何书面和口头的参考引用均不会涉及您的个人信息。在实验数据分析中，不会出现您的任何个人信息。

7. 本次实验时间约为 15~30 分钟，实验结束后会有一个简短的访谈，您可以说出任何问题。您是自愿参加本次实验的，可以随时退出。

我已经阅读过该同意书，理解该实验的目的，了解我个人信息将被严格保密。我自愿参加本次实验，并履行我作为实验参与者的责任和义务。

签名：

日期：

附录二　访谈提纲

1. 您认为在您获取到的内容中，选该内容进行阅读的原因，请对这个内容做一个综合评价？

2. 您刚才在完成以上任务过程中，您所体验与感知到的哪些因素会影响您获取内容？

3. 您在阅读内容的时候，妨碍您阅读的因素是什么？

4. 您认为这些内容是否能真正解决了您的需求，如果没有是为什么呢？

5. 您在刚才完成任务的过程中，是否遇到困难或有疑问？您是如何解决的？您通过使用平台所提供的这些解决问题的方式（或途径、功能）有何感受？是否会影响您对内容的评价？有哪些方面的影响？

6. 如果您对以上的几个方面提出您的更好的建议，您觉得平台可以从哪些方面来提升其内容的利用率？

7. 您是否还有其他需要补充的？

附录三　移动 UGC 可使用性评价指标第一次调查问卷

尊敬的先生 / 女士您好！

当您在新浪微博上欣赏他人贡献的内容抑或是在网购中阅读他人的评论时，您是否注意到，这些内容中存在大量无用甚至是错误的内容。您的体验与感受对于改善质量低下内容泛滥的情况至关重要。因此，诚邀您参与此次问卷调查。

相关概念

移动 UGC（移动用户生成内容）：在自媒体环境下，人们创建的个人档案，生成的个性化内容以及贡献的评论等，主要有文字、图片、音频、视频四种类型。典型的平台有：新浪微博、大众点评、知乎网等。在这里，我们主要研究文本型的移动 UGC。

可使用性：用户在获取用户生成内容来满足自己需求的过程中，通过体验和感知而获得对内容本身特点、网站系统功能和性能以及自我情感满足的一种综合评价。通俗讲就是您为什么会选择阅读或采纳该内容。

APP：安装在智能手机上的软件。

本问卷采用匿名方式，所有数据只会应用于学术研究，不会泄露您的任何个人信息，谢谢大家。如有任何问题请与我联系。

联系方式：569353246@qq. com

第一部分：个人情况

1. 您的性别：男；女

2. 您的年龄段：20 岁以下；21~30 岁；31~40 岁；41~50 岁；50 岁以上

3. 您的教育程度：高中及以下；大专；大学本科；硕士及以上；其他

4. 您的职业：在校学生；企业 / 公司职员；党政机关公务员；事业单位；其他

第二部分：用户使用移动 UGC 类型 APP 情况调查

5. 您使用手机上网的年限：1~3 年；4~6 年；7~9 年；10 年以上

6. 您经常使用下列哪些 APP？（如果都不经常使用请选择其他）：新浪微博；大众点评；百度贴吧；天涯论坛；今日头条；腾讯新闻；携程旅行；其他

第三部分：基于可使用性的用户生成内容评价

作为用户，请根据您在平时使用上述选择的 APP 过程中的个人体验，对以下指标的重要程度作出评价，请单选。其中：1——非常不重要；2——不重要；3——一般；4——重要；5——非常重要。

7. 平台中的内容不违反国家相关法律、不侵害他人合法权益
8. 平台中的内容遵循公序良俗，不包含谩骂、三观不正的内容
9. 平台中的内容能及时反映当时的主流趋势
10. 平台中的内容不包含或包含较少的错误
11. 平台中的内容中包含的链接有效
12. 平台中的内容应该与其主题或标题相关，不包含与主题或标题无关的内容
13. 平台中的内容前后关联一致，逻辑性强
14. 平台中的内容简明扼要，没有多余的内容
15. 您可以在较短时间内理解并能够应用平台中的内容
16. 平台中的内容能够突出重点（分点论述、小标题或加黑体字）
17. 平台中的内容层次分明，能够从不同的角度进行描述
18. 平台中的内容通过表情包等不同的方式展现
19. 内容中包含专业词汇，通常内容发布者为相关领域内专业人士
20. 平台中的内容真实、可信，通常由认证作者、机构发布
21. 您在阅读平台中的内容时能够对其进行评价、点赞、踩等操作
22. 您在阅读平台中的内容时能够及时地与他人进行互动
23. 平台的页面布局合理、充满人性化

24. 平台字体设计与阅读习惯相协调

25. 平台导航功能简便，检索路径清晰

26. 您在使用平台的过程中不会发生隐私泄露风险，具有隐私保护机制

27. 平台的响应速度迅速

28. 平台能够对其内容进行良好的组织、分类以及管理

29. 平台能够快速做到对优秀的内容加以推广，并且对不良内容进行删除

30. 您在阅读平台中的内容时能够产生被人尊敬的感觉

31. 您在阅读平台中的内容时能够产生轻松、愉快的感觉

32. 您在阅读平台中的内容时能够产生巨大的成就感

33. 用户理解、获取、利用信息的能力及利用信息技术的能力

34. 用户的工作背景及所受的教育背景

35. 用户在获取信息时形成的习惯性操作（如习惯性点赞、习惯性刷新页面等操作）

36. 用户在获取信息时所做出的理性的具有倾向性的选择（如女生喜欢娱乐八卦、美妆彩妆等内容；男生喜欢军事、体育等内容）

附录四　移动 UGC 可使用性评价指标第二次调查问卷

尊敬的先生 / 女士您好!

当您在新浪微博上欣赏他人贡献的内容抑或是在网购中阅读他人的评论时，您是否注意到，这些内容中存在大量无用甚至是错误的内容。您的体验与感受对于改善质量低下内容泛滥的情况至关重要。因此，诚邀您参与此次问卷调查。

相关概念

移动 UGC（移动用户生成内容）: 在自媒体环境下，人们创建的个人档案，生成的个性化内容以及贡献的评论等，主要有文字、图片、音频、视频四种类型。典型的平台有 : 新浪微博、大众点评、知乎网。在这里，我们主要研究文本型的移动 UGC。

可使用性：用户在获取用户生成内容来满足自己需求的过程中，通过体验和感知而获得对内容本身特点、网站系统功能和性能以及自我情感满足的一种综合评价。通俗讲就是您为什么会选择阅读或采纳该内容。

APP：安装在智能手机上的软件。

本问卷采用匿名方式，所有数据只会应用于学术研究，不会泄露您的任何个人信息，谢谢大家。如有任何问题请与我联系。

第一部分：个人情况

1. 您的性别：男；女

2. 您的年龄段：20 岁以下；21~30 岁；31~40 岁；41~50 岁；50 岁以上

3. 您的教育程度：高中及以下；大专；大学本科；硕士及以上；其他

4. 您的职业：在校学生；企业 / 公司职员；党政机关公务员；事业单位；其他

第二部分：用户使用移动 UGC 类型 APP 情况调查

5. 您使用手机上网的年限：1~3 年；4~6 年；7~9 年；10 年以上

6. 您经常使用下列哪些 APP？（如果都不经常使用请选择其他）：新浪微博；大众点评；百度贴吧；天涯论坛；今日头条；腾讯新闻；携程旅行；其他

第三部分：基于可使用性的用户生成内容评价

作为用户，请根据您在平时使用上述选择的 APP 过程中的个人体验，对以下指标的重要程度作出评价，请单选。其中：1—非常不重要；2—不重要；3—一般；4—重要；5—非常重要。

7. 平台中的内容不违反国家相关法律、不侵害他人合法权益
8. 平台中的内容遵循公序良俗，不包含谩骂、三观不正的内容
9. 平台中的内容能及时反映当时的主流趋势
10. 平台中的内容中包含的链接有效
11. 平台中的内容应该与其主题或标题相关，不包含与主题或标题无关的内容
12. 您在阅读平台中的内容时能够产生轻松、愉快的感觉
13. 您在阅读平台中的内容时能够产生巨大的成就感
14. 平台中的内容通过表情包等不同的方式展现
15. 平台中的内容能够突出重点（分点论述、小标题或加黑体字）
16. 您可以在较短时间内理解并能够应用平台中的内容
17. 平台中的内容前后关联一致，逻辑性强
18. 平台能够对其内容进行良好的组织、分类以及管理
19. 平台能够快速做到对优秀的内容加以推广，并且对不良内容进行删除
20. 内容中包含专业词汇，通常内容发布者为相关领域内专业人士
21. 平台中的内容真实、可信，通常由认证作者、机构发布
22. 您在阅读平台中的内容时能够及时地与他人进行互动
23. 您在阅读平台中的内容时能够对其进行评价、点赞、踩等操作

24. 平台导航功能简便，检索路径清晰

25. 您在使用平台的过程中不会发生隐私泄露风险，具有隐私保护机制

26. 平台的响应速度迅速

27. 平台的页面布局合理、充满人性化

28. 平台字体设计与阅读习惯相协调

29. 用户理解、获取、利用信息的能力及利用信息技术的能力

30. 用户的工作背景及所受的教育背景

31. 用户在获取信息时形成的习惯性操作（如习惯性点赞、习惯性刷新页面等操作）

32. 用户在获取信息时所做出的理性的具有倾向性的选择（如女生喜欢娱乐八卦、美妆彩妆等内容；男生喜欢军事、体育等内容）

参考文献

曹扬敏，2012. 视频分享网络中用户生成内容的动因研究 [D]. 华中师范大学 .

曹依霏，2015. 虚拟社区中的网络互动对用户生成内容影响的研究 [D]. 东北财经大学 .

曾新星，2013. 基于用户生成内容模式的传统媒体新闻生产创新研究 [D]. 湖南大学 .

陈启源，2017. 用户生成内容的移动学习类应用设计研究 [D]. 江南大学 .

陈欣，朱庆华，赵宇翔，2009. 基于 YouTube 的视频网站用户生成内容的特性分析 [J]. 图书馆杂志，28（09）：51-56.

程小燕，2016. 营销生成内容和用户生成内容对消费者购买决策的影响研究 [D]. 广东工业大学 .

褚霞 . 互联网用户生成内容及其法律规制 [N]. 光明日报，2014-12-31（016）.

代宝，刘业政，2015. 基于社会认知理论和大五人格模型的 SNS 用户内容生成行为实证研究 [J]. 现代情报，35（02）：3-7，22.

邓榆凡，2017. 在线旅游平台用户生成内容的动机与行为研究 [D]. 暨南大学 .

杜静，2015. 原创性教育 UGC 的生成动因、生成模式与激励机制研究 [D]. 华中师范大学 .

范哲，朱庆华，赵宇翔，2009. Web2.0 环境下 UGC 研究述评 [J]. 图书情报工作，53（22）：60-63，102.

复旦大学信息与传播研究中心，复旦大学新闻学院．“传播与中国 复旦论坛”（2013）——网络化关系：新传播与当下中国论文集 [C]. 复旦大学信息与传播研究中心：19.

郜雁，莫祖英，2014. 采纳用户生成内容的影响因素分析 [J]. 信息资源管理学报，4（04）：69-77.

耿荣娜，2017. 社会化电子商务用户信息采纳过程及影响因素研究 [D]. 吉林大学．

龚立群，方洁，2012. Web2.0 环境下用户生成内容面临的法律问题 [J]. 情报科学，30（04）：535-539.

顾润德，陈媛媛，2019. 社交媒体平台 UGC 质量影响因素研究 [J]. 图书馆理论与实践（03）：44-49.

郭顺利，2018. 社会化问答社区用户生成答案知识聚合及服务研究 [D]. 吉林大学．

韩朝阳，2011. 用户生成的旅游信息特性分析——以新浪微博为例 [J]. 中国集体经济（24）：154-155.

郝博为，2014. B2C 电子商务环境下 UGC 动态演变过程的研究 [D]. 哈尔滨工业大学．

郝晓雪，王凯艳，2017. 国内用户生成内容研究的文献计量分析 [J]. 河北科技图苑，30（05）：87-91.

何学海，黄冬梅，2016. 基于用户生成内容（UGC）的遵义市旅游形象研究 [J]. 四川旅游学院学报（03）：88-92.

侯德林，蔡淑琴，夏火松，等，2013. 网络视频服务用户内容生成上传行为意愿实证研究 [J]. 情报学报，32（08）：887-896.

胡丹华，2013. 基于 UGC 挖掘的学术虚拟社区知识推荐研究 [D]. 华中师范大学．

胡海峰，2013. 用户生成答案质量评价中的特征表示及融合研究 [D]. 哈尔滨工业大学．

华迎，2013. 社会化媒体中用户创造内容（UGC）采纳行为影响因素研究 [A]. 中国信息经济学会．2013 中国信息经济学会学术年会暨博士生论坛论文集 [C]. 中国信息经济学会：中国信息经济学会：8.

黄永勤，2013. 知识图谱视角下的用户生成内容（UGC）研究 [J]. 知识管理论坛（07）：32-39.

金兼斌，林成龙，2017. 用户生成内容持续性产出的动力机制 [J]. 出版发行研究（09）：5-11.

金微，2013. 用户生成内容的移动视频交互研究与设计 [D]. 湖南大学 .

金燕，2016. 国内外 UGC 质量研究现状与展望 [J]. 情报理论与实践，39（03）：15-19.

金燕，李丹，2016. 基于 SPC 的用户生成内容质量监控研究 [J]. 情报科学，34（05）：86-90，141.

李丹，2017. 基于 SPC 的用户生成内容质量监控研究 [D]. 郑州大学 .

李贺，张世颖，2015. 移动互联网用户生成内容质量评价体系研究 [J]. 情报理论与实践，38（10）：6-11，37.

李妙玲，2013. 用户生成内容研究综述 [J]. 图书馆学研究（16）：21-27，20.

李鹏，2012. Web 2.0 环境中用户生成内容的自组织 [J]. 图书情报工作，56（16）：119-126.

李亚琴，朱雨晴，李丹丹，2017. 用户在线贡献内容动因研究进展 [J]. 现代情报，37（03）：161-164，171.

李义菲，2017. 社交媒体中 UGC 版权保护策略的传播学分析 [D]. 北京邮电大学 .

李奕莹，戚桂杰，2017. 基于系统动力学的企业开放式创新社区中用户生成内容管理研究 [J]. 情报杂志，36（04）：112-117，129.

刘晋宏，2018. 基于用户生成内容的多标签文本分类方法的研究与实现 [D]. 北京邮电大学 .

刘清民，姚长青，石崇德，等，2018. 用户生成内容质量的影响因素分析 [J]. 情报探索（03）：66-71.

刘思琪，2014. 社会化问答网站 UGC 特征解读——以知乎网为例 [J]. 西部广播电视（21）：9-10.

刘小维，2016. 在线旅游用户生成内容（UGC）动机与激励方式研究 [D]. 北京第二外国语学院 .

刘怡，2012. 观众登场：美国互联网内容生产与消费融合研究 [D]. 华东师范大学 .

柳瑶，2014. 微博用户生成内容的动机研究 [D]. 华中师范大学 .

柳瑶，郎宇洁，李凌，2013. 微博用户生成内容的动机研究 [J]. 图书情报工作，57（10）：51-57.

卢璐，2012. 用户生成内容（UGC）网站著作权问题探讨及应对策略 [D]. 复旦大学 .

卢余，2013. 基于在线品牌社群的用户生成内容互动效用对消费者品牌态度的影响 [D]. 东北财经大学 .

卢玉清，2014. 用户信誉度与用户生成内容质量评估模型研究 [D]. 清华大学 .

罗培铭，2018. 虚拟社区用户生成内容的影响因素——以小红书为例 [J]. 新闻研究导刊，9（12）：60-61.

吕喆朋，黄京华，金悦，2016. 企业生成内容对用户生成内容的影响——以新浪企业微博为例 [J]. 信息系统学报（02）：56-70.

门亮，杨雄勇，2015. UGC 平台的特征及其信息流的分析 [J]. 设计（05）：52-54.

孟雅楠，2018. 问答平台知乎的知识生产与公共空间建构 [J]. 新闻论坛（03）：19-22.

聂卉，2014. 基于内容分析的用户评论质量的评价与预测 [J]. 图书情报工作，58（13）：83-89.

钱洁，潘洪涛，2012. 用户生成内容使用与满足对品牌态度的影响研究——以音视频类用户生成内容为例 [J]. 财贸研究，23（03）：105-115.

秦芬，李扬，2018. 用户生成内容激励机制研究综述及展望 [J]. 外国经济与管理，40（08）：141-152.

阮光册，夏磊，2018. 高质量用户生成内容主题分布特征研究 [J]. 图书馆杂志，37（04）：95-101.

RYABOV YAROSLAV，2017. UGC 与 CGC 交互作用研究 [D]. 大连理工大学 .

尚新丽，童雅璐，2016. 网络信息用户生成内容过载研究 [J]. 图书馆理论与实践（12）：49-51，104.

史伟，陈迪，2018.UGC 营销对客户感知价值的影响研究——以网易云音乐用户为例 [J]. 湖州师范学院学报，40（08）：54-60.

宋亚楠，2014. 基于感知互动性的微博中 UGC 影响因素研究 [D]. 大连理工大学 .

孙少军，2017. 基于双因素理论的 UGC 产品激励机制的设计研究 [D]. 江南大学 .

孙少军，张宇红，2017. 社交化电子商务 UGC 平台用户参与动机研究——以小红书为例 [J]. 设计（07）：14-15.

汤小月，2013. 基于用户行为分析的在线协作编辑质量控制研究 [D]. 武汉大学 .

万力勇，黄志芳，邢楠，等，2015. 用户生成性学习资源建设的驱动因素研究——以百度百科平台为例 [J]. 电化教育研究，36（02）：50-57.

汪旭晖，陈鑫，2018. 用户生成内容的图文匹配对消费者感知有用性的影响 [J]. 管理科学，31（01）：101-115.

王海雷，章彦星，赵海玉，等，2013. 基于用户生成内容的产品搜索模型 [J]. 中文信息学报，27（04）：89-95.

王晰巍，杨梦晴，韦雅楠，等，2018. 基于情感分析的移动图书馆用户生成内容评价效果研究 [J]. 图书情报工作，62（18）：16-23.

王兴兰，胡虹，赵文龙，等，2018. 课程学习平台的 UGC 生成动因分析 [J]. 情报探索（06）：28-31.

王亚，2017. 社交媒体网络信息内容的可信度测度 [D]. 江苏科技大学 .

王雨心，闵庆飞，宋亚楠，2018. 基于感知互动性探究社交媒体用户生成内容的影响因素 [J]. 情报科学，36（02）：101-106.

王战，张弘韬，2009. 用户生成内容（UGC）与虚拟社区的经济价值 [J]. 广告大观（理论版）（02）：74-80.

魏如清，唐方成，2016. 用户生成内容对在线购物的社会影响机制——基于社会化电商的实证分析 [J]. 华东经济管理，30（04）：124-131.

肖强，朱庆华，2012. 用户生成内容共享意愿的影响因素实证性研究 [J]. 情报杂志，31（04）：138-142，111.

谢佳琳，张晋朝，2014. 用户在线生成内容意愿影响因素研究 [J]. 信息资源管理学报，4（01）：69-77.

徐丽，2015. 用户、媒介、信息：UGC 的传播模型 [D]. 暨南大学 .

徐梦莹，2017. 基于计划行为理论的互联网在线视频网站用户付费行为意愿影响机理研究 [D]. 南京理工大学 .

徐勇，武雅利，李东勤，等，2018. 用户生成内容研究进展综述 [J]. 现代情报，38（11）：130-135，144.

徐长坡，2017. 知乎内容生产及发展策略研究 [D]. 山东师范大学 .

闫婧，2017. 基于用户信誉评级的 UGC 质量预判方法 [D]. 郑州大学 .

杨风雷，黎建辉，2011. 用户生成内容中的垃圾意见研究综述 [J]. 计算机应用研究，28（10）：3601-3605.

杨晶，罗守贵，2017. 国外用户生成内容研究热点及趋势分析——基于 2008—2016 年 EBSCOhost 数据库文献 [J]. 现代情报，37（09）：164-170.

杨玉蝶，2013. UGC 在网络学习平台设计中的应用研究 [D]. 湖南大学 .

杨豫玲，2017. 论用户生成内容时代的互联网用户行为规范 [J]. 东南传播（12）：108-109.

杨逐原，2015. 用户生成内容的开发利用研究综述 [J]. 新闻研究导刊，6（07）：9-10.

叶倩，2016. UGC 模式下旅游 APP 界面交互设计研究 [D]. 北方工业大学 .

尹丽英，2015. 用户生成内容动因分析及激励设计——以新浪微博为例 [J]. 数字图书馆论坛（06）：38-44.

詹丽华，2016. 基于 SWOT 分析的 UGC 质量控制策略研究 [J]. 情报科学，34（09）：36-39，144.

张博，任殿顺，2014. 大数据背景下 UGC 的价值研究和出版应用 [J]. 科技与出版（03）：65-67.

张帆，2014. UGC 语境中的舆情爆发点观察 [J]. 当代传播（05）：75-76.

张方喜，2014. 互联网用户生成内容的情感分析研究和应用 [D]. 华东师范大学 .

张慧，2016. 用户生成内容情感分析方法研究 [D]. 安徽财经大学 .

张翤，唐亚欧，2015. 大数据背景下用户生成行为影响因素的实证研究 [J]. 图书馆学研究（03）：36-42，15.

张盼盼，2016. 以提升用户黏性为导向的 UGC 类移动阅读应用设计研究 [D]. 华东理工大学 .

张其林，2014. 用户生成内容质量对多渠道零售商品牌权益的影响机理研究 [D]. 东北财经大学 .

张强，2016. 微信朋友圈用户生成内容的动机研究 [D]. 北京邮电大学 .

张世颖，2014. 移动互联网用户生成内容动机分析与质量评价研究 [D]. 吉林大学 .

张同同，2018. 文本类移动用户生成内容可使用性评价指标体系构建研究 [D]. 河北大学 .

张欣瑞，赵崇，2015. 用户生成内容及其后续效应研究综述 [J]. 新闻研究导刊，6（20）：17-18.

张瑶，2017. 在线旅游用户生成内容传播价值研究 [D]. 湖南大学 .

张永，陈兵，王勇，2018. 非交易类虚拟社区用户生成内容质量对消费者购买意愿的影响 [J]. 商业经济研究（23）：63-66.

张紫璇，2015. 从知乎网看 UGC 平台自组织运行机制的弊端 [J]. 视听（06）：149-150.

赵辉，刘怀亮，2013. 面向用户生成内容的短文本聚类算法研究 [J]. 现代图书情报技术（09）：88-92.

赵埙，2018. 基于使用与满足理论探析受众对 UGC 的需求作用——以小红书为例 [J]. 传播力研究，2（23）：243.

赵宇翔，2011. 社会化媒体中用户生成内容的动因与激励设计研究 [D]. 南京大学 .

赵宇翔，范哲，朱庆华，2012. 用户生成内容（UGC）概念解析及研究进展 [J]. 中国图书馆学报，38（05）：68-81.

赵宇翔，朱庆华，2009. Web2.0 环境下影响用户生成内容的主要动因研究 [J]. 中国图书馆学报，35（05）：107-116.

赵宇翔，朱庆华，2010. Web 2.0 环境下用户生成视频内容质量测评框架研究 [J]. 图书馆杂志，29（04）：51-57.

郑砚琼，2015. 用户生成内容（UGC）型观影产品的用户研究和产品设计 [D]. 湖北工业大学 .

朱冰杰，2015. 社交网络媒体平台的用户内容生成与审核机制研究 [D]. 北京邮电大学 .

朱定飞，2017. 基于技术接受理论的在线旅游 UGC 平台用户使用意愿研究 [D]. 浙江工商大学 .

Anon，2015. Simon popple and helen thornham（eds），content cultures：transformations of user generated content in public service broadcasting [J]. European Journal of Communication，30（3）.

BAHTAR A Z，MUDA M，2016. The impact of user–generated content（ugc）on product reviews towards online purchasing–a conceptual framework [J]. Procedia Economics and Finance，37.

CHRISTOS K，GEORGIADIS，2012. Supporting user generated content for mobile news services：a case study [J]. International Journal of Engineering Business Management，4.

DAIYA A，ROY S，2016. User and firm generated content on online social media：a review and research directions [J]. International Journal of Online Marketing（IJOM），6（3）.

DIMITROVA V，MIZOGUCHI R，BOULAY B，et al.，2009. Exploiting user generated content to improve search [J]. Frontiers in Artificial Intelligence and Applications，200.

DUAN W J，CAO Q，YU Y，et al. ，2013. Mining online user-generated content：using sentiment analysis technique to study hotel service quality [P]. IEEE International Symposium on Multimedia 24 February 2014.

ELIZALDE B，LEI H，FRIEDLAND G，2013. An i-vector representation of acoustic environments for audio-based video event detection on user generated content [P]. IEEE International Symposium on Multimedia 24 February 2014.

FITZGERALD，2012. Creating user-generated content for location-based learning：an authoring framework [J]. Journal of Computer Assisted Learning，28（3）.

GLENDON L，MORIARTY D，2010. Psychology 2.0：harnessing social networking，user-generated content，and crowdsourcing [J]. Journal of Psychological Issues in Organizational Culture，1（2）.

GOLDSTEIN J，2012. Autonomy in information：pre-trial publicity，commercial media，and user generated content [J]. Information & Communications Technology Law，21（2）.

HERNáNDEZ J，KIRILENKO A，STEPCHENKOVA S，2018. Network approach to tourist segmentation via user generated content [J]. Annals of Tourism Research，73.

HOLZNAGEL D，2018. Overblocking durch user generated content（ugc）– plattformen：ansprüche der nutzer auf wiederherstellung oder schadensersatz? [J]. Computer und Recht，34（6）.

INGAWALE，MYSHKIN，DUTTA，et al.，2013. Network analysis of user generated content quality in Wikipedia [J]. Online Information Review，37（4）.

INTERNET INFORMATION PROVIDER COMPANIES.Patent issued for system and method for selecting user generated content related to a point of interest（USPTO 9460160）[J]. Journal of Engineering，2016.

JIA A L，SHEN S，LI D，et al.，2018. Predicting the implicit and the explicit video popularity in a user generated content site with enhanced social features [J]. Computer Networks，140.

JUASIRIPUKDEE P，WIYARTANTI L，KIM L，2010. Clustering search results of non-text user generated content [P]. Digital Information Management（ICDIM），2010 Fifth International Conference on.

KAMINCHENKO D L，2014. The role of user generated content in .new. media research [J]. Sovremennye Issledovania Social ′ nyh Problem（6）.

KUMAR H，KUMAR M，GUPTA，2018. Socio-influences of user generated content in emerging markets [J]. Marketing Intelligence & Planning，36（7）.

KYT M，MCGOOKIN D，2017. Augmenting Multi-Party Face-to-Face Interactions Amongst Strangers with User Generated Content [J]. Computer Supported Cooperative Work（CSCW），26（4-6）.

LI G，WANG M，FENG J，et al.，2011. Understanding user generated content characteristics：a hot-event perspective [P]. Communications（ICC），2011 IEEE International Conference on.

LI L，LIN X，ZHAI Y，et al.，2016. User communities and contents co - ranking for user - generated content quality evaluation in social networks [J]. International Journal of Communication Systems，29（14）.

MA T, ATKIN D, 2016. User generated content and credibility evaluation of online health information : A meta analytic study [J]. Telematics and Informatics.

MANOSEVITCH I, 2011. User generated content in the Israeli online journalism landscape [J]. Israel Affairs, 17 (3) .

MARTíN, CARLOS J, ROMáN, et al., 2017. Measuring service quality in the hotel industry : The value of user generated content [J]. Turizam : med-unarodni znanstveno-strucˇni caˇsopis.

MARTíNEZ P, JOSé L, MARTíNEZ, 2016. Turning user generated health-related content into actionable knowledge through text analytics services [J]. Computers in Industry, 78.

MICHAEL A, DENNSTEDT B, KOLLER H, 2016. Democratizing journalism–how user-generated content and user communities affect publishers' business models [J]. Creativity and Innovation Management, 25 (4) .

REN S, PARK J, SCHAAR M, 2012. Maximizing prot on user-generated content platforms with heterogeneous participants [P]. INFOCOM, 2012 Proceedings IEEE.

SENEVIRATNE A, THILAKARATHNA K, PETANDER H, et al., 2011. Moving from clouds to mobile clouds to satisfy the demand of mobile user generated content [P]. Advanced Networks and Telecommunication Systems (ANTS), 2011 IEEE 5th International Conference on.

SHAN Y, LIU T Y, LIU H, 2010. Popular or personal: access patterns of user generated content [P]. Networking and Distributed Computing (ICNDC), 2010 First International Conference on.

SIMON J P, 2016. User generated content-users, community of users and firms : toward new sources of co-innovation? [J]. Info : the Journal of Policy, Regulation and Strategy for Telecommunications, Information and Media, 18 (6) .

SIMON J P, 2016. User generated content–users, community of users and frms : toward new sources of co-innovation? [J]. info, 18 (6) .

STEREN ´ CZAK K, ZAPL ´ ATA R, SZTAMPKE M, et al. , 2017. "Laser Discoverers" –Web-based User-generated Content in Heritage Detection in Poland [J]. Transactions in GIS, 21 (2) .

TAN E，GUO L，CHEN S Q，ZHANG X D，et al.，2012. Spammer behavior analysis and detection in user generated content on social networks [P]. Distributed Computing Systems（ICDCS），2012 IEEE 32nd International Conference on.

THILAKARATHNA K，SENEVIRATNE A，VIANA A C，et al. ，2014. User generated content dissemination in mobile social networks through infrastructure supported content replication [J]. Pervasive and Mobile Computing，11.

XU Y S，YIN J，2015. Collaborative recommendation with user generated content [J]. Engineering Applications of Arti.cial Intelligence，45.

YONGJUN LI，ZHEN ZHANG，YOU PENG，et al.，2018. Matching user accounts based on user generated content across social networks [J]. Future Generation Computer Systems，83.

后 记

本书从用户体验的视角对移动用户生成内容的可使用性问题进行了系统的分析，在评价指标的构建、验证以及可使用性测评等方面进行了有益的尝试和探索，并得到了一些较为新颖的研究结论。

学术之路，始于足下，却无止境。作为学艺不精、资历尚浅的研究者，我们在成书的过程中诚惶诚恐。一方面是担心自己的见识过于浅薄；另一方面囿于时间、经验和能力所限，对很多问题的处理都有待补充和完善。比如，本书虽名为“移动 UGC 的可使用性研究”，但是研究对象仅限于文本类的移动 UGC，对音频、视频、图片等其他类型的移动 UGC 没有进行系统研究；又比如，书中提出了 7 个一级指标，虽然发现指标间存在相互影响，但是并未对这种关系做更进一步地阐述；再比如，本书对于可使用性测试和调查问卷的样本选择及其规范性，也存在或可商榷的地方。

以上这些问题，在本书付梓前已无法系统地修改，还望各位学术前辈及同仁批评指点，不吝赐教。我们将在今后的研究中努力提升自身的学术研究能力，进一步保证研究方法的合理性、研究过程的规范性和研究结果的准确性。

感谢河北大学、河北大学管理学院的支持！

感谢金胜勇教授对我们的鼓励！

感谢知识产权出版社各位编辑的宽容和帮助！

感谢所有给我们提出意见和建议的人！

路在前方，我们将负重前行。

陈则谦　张同同

2019 年 5 月于毓秀园